在家做饭很简单

鱼的诱惑

木可 / 著

浙江出版联合集团

浙江科学技术出版社

　　还依稀记得小时候，比灶台高不了多少的我站在小板凳上，第一次毫无章法地做红烧肉。也许从那时起我便与厨房结下了不解之缘，虽然直到儿子出生，我才开始在厨房淋漓尽致地挥洒我对于烹饪的热情。

　　也许烹饪对于许多人来说，只是生活中的一件再普通不过的事，就好像吃饭、睡觉一样，平常到不能再平常，却又不得不做。但对于我来说，这是生活里不可或缺的一部分，在厨房里我找到了生活的乐趣和生命的信仰，我存在的价值就在锅碗瓢盆、油盐酱醋中一点一点体现出来。我也总是在一道道色香味俱全的菜肴上桌之后，感到无比心安和满足。

　　我从小就是一个不善言辞的人，心里的千句话语、万种想法都找不到出口，而厨房是个有魔法的地方，它带我走向更宽广的世界，让我可以用一道道菜肴与各种各样的人进行着无比流畅的沟通与交流。厨房让我的生活闪闪发亮，让我变得光芒万丈！

　　人生是需要信仰的，有了信仰才会活得清明。厨房和烹饪就是我的信仰，在那里我得到了很多很多，工作的、生活的、情感的。人们常会给自己的人生作出许多假设，我也常常假设，但从不后悔。也许每天油盐酱醋茶的生活并不是最好的，却是我喜欢和想要的。所以我要感谢生命里的每一个人，因为你们，我可以做想做的事，过想过的生活！

　　每每想到为了这几本美食书的制作和拍摄在厨房里挥汗如雨的日子，内心就无比充盈。第一次出版这样的美食书，一切都不是最完美的，甚至略显青涩，但每一道菜都是我用心谱写的，从构思到制作再到拍摄。希望我的用心和对待生活的态度能够通过一道一道的菜谱传递给翻开这本书的你！

木可

2015年12月

开始吃鱼喽！

喵——

目录

Part 3
和酱油碰撞出绝妙滋味　061

Part 4
蒸出来的鲜滋味 085

Part 5
"咕噜"声里翻腾出幸福的味道 109

Part 6
风情小食的独特魅力 131

Part 1

厨房里最美妙的
"嗞啦"声

小时候爸爸给我讲过一个故事，说一个"吝啬鬼"想去邻居家蹭饭，于是女主人便想办法捉弄他，锅子烧热后不断地往锅里倒冷水，于是就不断地从厨房传来"嗞啦"声。"吝啬鬼"听着"嗞啦"声不断地想象，这是油爆虾，那是红烧鱼，可是等了半天也没等来一道菜，只能灰溜溜地回家。听过这个故事之后，"嗞啦"声对于我来说成了很美妙的声音。现在做菜还常常会想起这个故事，但我的"嗞啦"声过后会出现各种各样的美味佳肴。

趁热才好吃：糖醋脆皮鱼

　　糖醋这一味在我家是极受欢迎的，除了有名的糖醋排骨以外，这道糖醋脆皮鱼也是饭桌上的常客。比起糖醋排骨，糖醋脆皮鱼的做法和口感都更讲究些。首先要选肉质厚实且刺少的鱼类，比如草鱼或青鱼。炸之前先裹上一层粉，这样才能炸出外层脆皮，出锅后也要趁热吃，否则凉了以后最诱人的脆皮和香气就都消失了。

材　　料　鱼肉550克，葱、姜适量

腌鱼调料　盐2茶匙，料酒2汤匙

糖醋汁　料酒2汤匙，醋3汤匙，生抽
1汤匙，老抽1汤匙，糖3茶匙，
淀粉半汤匙，水半碗

1

鱼肉洗净切块，加葱、姜和腌鱼调料抓匀，腌制半天以上。

2

腌好的鱼块均匀地裹上淀粉，再抖去多余淀粉。

3

鱼块入八九成热的油锅内炸两次至呈金黄色。

4

将事先调好的糖醋汁倒入锅内烧至冒泡，再倒入鱼块翻炒均匀即可。

厨艺笔记

1. 鱼块不容易入味，所以腌制的时间要长一些。
2. 裹的淀粉不能太薄，稍厚一些才能炸出外层脆皮。
3. 炸两次会让脆皮更脆。
4. 这道菜要趁热吃。

江南风味的河虾做法：油爆虾

这是我记忆当中最常吃的河虾做法。和上海本帮菜里的油爆虾不同，这种做法不需要考验人的烹饪技巧，味道也不差。只要掌握好火候，保持虾的鲜嫩就算成功了一大半。调味很简单，只要一点点生抽和糖，就能做出江南人喜欢的咸鲜中带甜的味道。做这种炒制类的虾不需要加料酒，料酒会抢了虾的鲜味，这是深藏于民间的烹饪小窍门。

材料　河虾300克，葱、姜适量

调料　生抽2汤匙，糖半茶匙

1

姜切丝，葱切卷备用。

2

调料事先调匀备用。

3

油锅烧热后倒入洗净且充分沥干的虾，炒至变色。

4

倒入调料炒匀即可。

厨艺笔记

1. 虾要充分沥干再下锅炒，防止爆锅。
2. 为了保持虾的鲜嫩，可事先调好调料以缩短虾在锅内的时间。

用河鲜做一道开胃菜：茄汁大虾

番茄酱对于小朋友来说是毫无抵抗力的美味，所以这道菜很受儿子喜欢。虽然从健康的角度来说，番茄酱不应多吃，但偶尔入菜也无妨。酸甜可口的番茄酱和鲜嫩的大虾搭配在一起，即使对于大人来说也是极致的美味。

材料　基围虾 400 克，葱、姜、蒜适量

调料　盐 1 茶匙，糖 2 茶匙，料酒 1 汤匙，
　　　番茄酱 150 克

❶

　　基围虾去鳃、去虾线，背面剖开，
洗净沥干，加盐和料酒抓匀腌制一会儿。

❷

　　蒜和葱切末。

❸

　　油锅爆香姜片，倒入虾翻炒至变色
后盛出。

❹

　　另起油锅，倒入蒜末爆香后调入剩
余调料炒匀。

❺

　　倒入虾翻炒均匀，出锅前撒入葱花。

厨艺笔记

1. 虾腌制后再炒会更入味。

2. 蒜要多些，裹着蒜末和茄汁的虾
　 吃起来更香。

念念不忘的美味：葱姜炒蟹

　　有一次在避风塘点了份炒蟹，一百多元一份的海蟹三两口就吃完了，一点都不过瘾。回家跑了好几个菜场才买到新鲜的海蟹，想吃的欲望在心里无限蔓延。等到一盘香气十足的炒蟹终于摆上桌，吃起来就更加美味了。

材料　海蟹2只（约400克），洋葱半个，　　调料　盐半茶匙，糖1茶匙，料酒3汤匙，
　　　　葱、姜适量　　　　　　　　　　　　　　　　生抽1汤匙，香辣豆豉酱1茶匙

❶

　　拿一根筷子从蟹的尾部插入，左右撬松后往上把蟹壳掀开，用小刷子把蟹刷洗干净，剁成小块，拍散大脚。

❷

　　洋葱切丁，姜切丝，葱切段备用。

❸

　　油锅爆香姜丝，倒入海蟹翻炒至变红。

❹

　　加入所有调料翻炒几分钟。

❺

　　加入洋葱翻炒一下，关火后撒入葱段。

厨艺笔记

1. 海蟹活的时候很难清洗，把壳撬开后再清洗就比较容易了。
2. 蟹性凉，烹饪时多加葱、姜不仅可以去腥，也有中和寒凉的作用。

平民的滋味海鲜：酱炒花蛤

　　每次去海鲜排档吃海鲜，必点一盘炒花蛤，不仅因为价格亲民，更因为那吃过难忘的美妙滋味。炒花蛤现在也成了饭桌上最常见的海鲜菜之一。排档的花蛤通常是辣炒的，配上一杯啤酒，滋味无敌。在家做的时候，考虑到老人和小孩的口味，我将辣炒换成了酱炒，也别有一番滋味，而且很下饭，值得一试。

材料　花蛤 500 克，蒜 3 瓣，尖椒 2 个，
　　　葱 3 根

调料　豆瓣酱 1 汤匙，料酒 1 汤匙，生
　　　抽 1 汤匙，糖 1 茶匙

❶

花蛤用加了少许盐和油的水泡半天，
让其吐尽泥沙。

❷

蒜和葱切末，尖椒切小丁备用。

❸

起油锅，倒入蒜末和尖椒炒香。

❹

加入豆瓣酱炒香。

❺

倒入清洗干净的花蛤，并加剩余调
料炒匀。

❻

炒到花蛤开口后撒入葱花，炒匀出
锅即可。

厨艺笔记

1. 花蛤买回来之后一定要浸泡一会儿，使其吐尽泥沙后再烧，否则影响口感。
2. 加一些尖椒可以去腥，也增加了味道的层次感，加入的量可以自由调整。
3. 花蛤入锅后要快速翻炒，大部分开口后即可准备盛出，时间长了肉质会老，影
　 响口感。

如何让冰鲜变得有滋有味：爆炒海蟹脚

新鲜的海鲜对于身在江南水乡的我来说十分难得，虽然菜场也有卖，但品种有限，数量极少，有时就只能买些冰冻的蟹脚解馋。冰冻海鲜的味道虽然不及新鲜海鲜，但烹饪好了也很入味，加些辣可去腥提味，让原本有些木的口感变得鲜香麻辣。

材料　海蟹脚 300 克，姜、蒜、青蒜适量

调料　盐半茶匙，糖半茶匙，料酒 2 汤匙，生抽 1 汤匙，香辣豆豉酱 1 茶匙

❶　海蟹脚用小刷子刷洗干净后沥干，用刀背轻轻拍碎。

❷　姜切丝，蒜切片，青蒜切段。

❸　油锅烧热，倒入姜丝、蒜片和蒜白爆香。

❹　倒入蟹脚炒至变红后加入所有调料炒匀，出锅前撒入蒜叶。

厨艺笔记

1. 用刀拍碎蟹脚可以使蟹脚更入味，注意力道要适中，要既拍碎又保持蟹脚的完整度。
2. 蟹脚腥寒，多加些姜、蒜去腥又提味。
3. 稍稍加点辣也能去腥提味，嗜辣族可以加大辣酱的量。

为孩子量身定制的佳肴：五彩鱼米

　　我做菜时很喜欢尝试各种各样的搭配，除了让菜的颜色搭配更好看之外，营养也是很重要的一部分。这道菜就是为家里的孩子和老人量身定做的，无刺的鱼肉切成小丁，易咀嚼也易消化，再搭配各色蔬菜丁，看着就特别有食欲，营养也够丰富。端上这样一盘色香味俱全的菜肴，再挑食的小朋友也不会拒绝。

材料　鱼肉 200 克，紫甘蓝 50 克，各色　　　调料　盐 1 茶匙，糖半茶匙，料酒 1 汤匙，
　　　彩椒各 50 克，姜适量　　　　　　　　　　　黑胡椒适量

①

　　鱼肉洗净沥干后切小丁，加料酒和半茶匙盐以及黑胡椒抓至发黏，腌制 15 分钟以上。

②

　　紫甘蓝和彩椒分别切丁备用。

③

　　油锅爆香姜片后倒入鱼米炒至变色，盛出备用。

④

　　另起油锅，倒入蔬菜丁翻炒至断生，加半茶匙盐调味。

⑤

　　鱼米重新入锅翻炒均匀，加糖调味即可。

厨艺笔记

1. 这道菜适合选用草鱼或黑鱼等刺少的鱼来做。
2. 蔬菜可以根据个人喜好更换品种。
3. 鱼米入锅前加少许油抓匀可以防止粘锅。

鲜虾仁的惹味吃法：酱爆虾球

众多肉类里，儿子最喜欢吃虾，没有刺，也不像猪肉那样难嚼。而比起带壳的虾，儿子又更喜欢虾仁，或许小朋友总是喜欢简单的东西。为了照顾小朋友的口味，我家虾仁一般清炒，最多也就加点番茄酱，偶尔想换换口味，就会加一点辣味的酱，味道出乎意料的好，儿子特别喜欢。辣酱不用加太多，这样成品不会辣，但味道很丰富。如果喜欢吃辣，可以多加些辣酱，绝对是一道滋味十足的下饭菜！

材料　基围虾600克（虾仁约400克），
　　　胡萝卜100克，青蒜、姜片适量

调料　盐1茶匙，糖1茶匙，料酒1汤匙，
　　　生抽半汤匙，老抽半汤匙，醋半
　　　汤匙，牛肉酱1汤匙

❶

　　基围虾去头、去壳、去虾线、留尾
巴部分，背面剖开，洗净沥干，加盐和1
汤匙料酒抓匀，腌制15分钟左右。

❷

胡萝卜用饼干模切成花形。

❸

　　油锅爆香姜片，倒入腌好的虾翻炒
至变色，盛出备用。

❹

　　另起油锅，倒入蒜白爆香，再倒入
胡萝卜炒熟。

❺

　　加入虾球和剩余调料炒匀，出锅前
撒入蒜叶。

厨艺笔记

1. 用新鲜基围虾炒出来的虾球更鲜
   嫩可口。
2. 虾背一定要划开炒，这样才能炒
   出漂亮的虾球。
3. 虾球两次入锅时间都不要长，以
   保持鲜嫩的口感。
4. 酱可以换成其他品种，微辣的酱
   更提味。

鱿鱼的最佳吃法：爆炒鱿鱼

　　新鲜的鱿鱼最适合用来爆炒。比起清炒，酱爆的鱿鱼显然更诱人。切好的鱿鱼要先汆烫一下，去除腥味的同时也去除多余的水分，这样爆炒的时候才能和酱汁完美融合。鱿鱼切花刀虽然有些考验刀功，但能为美食锦上添花，家人和朋友一定会为你的用心而喝彩。

材料　鱿鱼 400 克，青、红椒各 50 克，
　　　洋葱半个，蒜、葱适量

调料　盐半茶匙，糖 3 茶匙，料酒 1 汤
　　　匙，生抽 1 汤匙，豆瓣酱 1 汤匙，
　　　柱侯酱 1 汤匙，醋半汤匙

1

　　鱿鱼撕去表面的黑膜，打上花刀，
理净内脏。

2

　　锅内水煮开，倒入鱿鱼汆烫 1 分钟
左右，捞出冲洗干净并充分沥干。

3

　　洋葱和青、红椒分别切丁，蒜切片，
葱切段。

4

　　油锅爆香蒜片，倒入洋葱和青、红
椒翻炒一下。

5

　　倒入鱿鱼以及所有调料翻炒均匀，
出锅前撒入葱段。

厨艺笔记

1. 鱿鱼除了白白的肉之外，其他东
   西都要处理干净。
2. 鱿鱼切成小块后再打花刀会比较
   容易，花刀要切得深浅均匀才能
   炒出漂亮的卷。
3. 汆烫的时间不要长，鱿鱼都打卷后
   就可以了，时间长了肉质会变老。
4. 酱的种类可以自由调整，酱本身
   带有咸味，所以盐要酌情添加。

中西合璧的宴客菜：芝士虾

　　芝士是地道的西式食材，常和虾搭配食用，大多选用焗的烹饪方式。这道芝士虾的灵感来源于在饭店很红火的芝士油条虾，我去掉了油条，把虾仁换成了新鲜大虾。油爆过的大虾裹上炒香的蒜蓉和香浓的芝士，味道独特，值得一试。这道菜作为中式菜肴上桌，一定能惊艳到客人。

材料 基围虾 200 克，芝士 30 克，牛奶
　　　50 克，葱、姜、蒜适量

调料 盐 1/3 茶匙，糖半茶匙

腌虾调料 盐半茶匙，料酒半汤匙，黑
　　　　　胡椒适量

❶ ....

基围虾去鳃、去虾线，开背，洗净沥
干，加腌虾调料抓匀，腌制 15 分钟以上。

❷ ....

油锅爆香姜片，倒入虾炒至变色，
盛出备用。

❸ ....

另起油锅，倒入蒜末，小火炒至微黄。

❹ ....

加入牛奶和芝士，小火炒至融化，
加调料炒匀。

❺ ....

虾重新入锅炒匀，出锅后撒上葱花。

厨艺笔记

1. 虾需要提前腌制入味。
2. 炒蒜末时火一定要小，火大容易
　 煳锅，蒜末多一些会很香。
3. 芝士和牛奶都没有味道，所以需
　 加一点点盐和糖提味。

滋味营养宴客菜：茄汁鱼片

　　这道菜是为我家的小朋友量身定做的。以前也做过茄汁鱼片，不过这次加了冬笋、黑木耳和豌豆，看起来颜色更丰富、口味更好，对于小朋友来说吸引力很大。此菜作为宴客菜上桌，卖相也很不错！

材料　草鱼段 500 克，冬笋 150 克，黑
　　　木耳 5 克，豌豆 50 克，葱适量

调料　盐 2 茶匙，料酒 2 汤匙，黑胡椒
　　　适量，番茄酱 200 克，糖 3 茶匙，
　　　淀粉少许

①

　　鱼段洗净后片成鱼片，加 1 茶匙盐、
2 汤匙料酒以及适量黑胡椒抓匀，腌制
15 分钟左右。

②

　　冬笋切片焯水备用，黑木耳泡发后
和豌豆一起焯熟备用。

③

　　腌好的鱼片用少许淀粉抓匀，入八
成热的油锅炸两遍至呈金黄色。

④

　　另起油锅，倒入沥干水分的蔬菜翻
炒一下，加 1 茶匙盐调味后盛出备用。

⑤

　　炒蔬菜的锅继续倒入番茄酱和糖炒
匀，再倒入鱼片和蔬菜炒匀即可，出锅
前撒入葱花。

厨艺笔记

1. 草鱼等刺不多或没有小刺的鱼适
合用来片鱼片。
2. 冬笋一定要焯水去涩味，蔬菜也
可以换成其他你喜欢的种类。
3. 鱼片炸两遍，以保证外脆里嫩。

Part 2

垂涎三尺的
煎烤时刻

以前回家总要经过一个菜场，每到夜幕降临的时候，各种各样的烧烤摊就开始忙活了，远远就能闻到一股让人迈不开脚步的香味。每次必然要大快朵颐一番，烤肉、烤鱼、烤蔬菜，一样也不能少。后来搬家了，家附近没有了烧烤摊，偶尔想念的时候，就自己动手，或煎或烤，也自有一番乐趣。而比起烧烤摊的菜品，自己做的自然是更胜一筹，偶尔多吃了也不用担心健康问题。

多春鱼的最佳吃法：芝香椒盐多春鱼

多春鱼是原产自日本的深海鱼，因为常有满满一肚鱼子，因此得名"多春鱼"。多春鱼的个头虽然不大，肉质却特别鲜嫩，很适合煎着吃。鱼煎至焦黄，撒上些椒盐和喷香的芝麻，再加一点点盐和柠檬汁调味，一道绝美佳肴就完成了。当舌尖碰触到整整一肚鱼子时，就好像有礼花在嘴里尽情绽放。

材料　多春鱼8条（约120克），葱、姜、蒜、熟白芝麻适量

调料　盐半茶匙，柠檬汁半汤匙，椒盐适量

❶　多春鱼用小刷子刷去表面的鱼鳞，去鳃的同时抽出内脏。

❷　鱼身均匀地抹上柠檬汁，再均匀地抹上盐腌制15分钟。油锅爆香姜、蒜片后排入鱼开始煎。

❸　小火煎至两面金黄。

❹　撒上椒盐、葱花、芝麻即可。

厨艺笔记

1. 多春鱼的特点就是满肚的鱼子，所以处理鱼的时候不要剖肚，而是从鳃部把内脏抽出来。
2. 柠檬汁有去腥的作用，如果没有也可以用料酒代替，只是用了柠檬汁后味道更清新。
3. 煎的时候用小火，防止煳锅。

海鱼惹味吃法：香煎小黄鱼

老公一向很挑嘴，很少会称赞食物好吃。有次去自助餐厅吃了一道铁板黄鱼，本来就喜欢河海鲜的老公一直赞不绝口，回来后也念念不忘。现在不管是老公还是儿子，只要在外面吃到好吃的东西，就会回来叫我做，我当然也乐意尝试，于是就有了这道香煎小黄鱼。做法很简单，不过出锅后要趁热吃，外脆里嫩，格外的香。

材料　小黄鱼 500 克

调料　盐 2 茶匙，黑胡椒、孜然粉、椒
　　　盐、淀粉适量

❶

　　小黄鱼去除内脏后洗净充分沥干，鱼身两面划花刀，内外均匀地抹上盐，腌制半小时以上。

❷

　　淀粉加黑胡椒、孜然粉和椒盐拌匀。

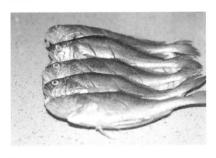

❸

　　鱼身正反面拍上淀粉。

❹

　　将小黄鱼表面多余的淀粉抖去，入烧热的油锅煎。

❺

　　小火煎至两面金黄即可。

厨艺笔记

1. 小黄鱼不要选太大条的，否则不容易入味也不容易煎透。
2. 淀粉里的调料可以根据自己的喜好调整，喜欢吃辣的可以加辣椒粉。
3. 拍上淀粉煎可以防粘锅，而且煎好的鱼表面脆脆的，更好吃。
4. 煎的时候要用小火，保证煎透煎熟。
5. 煎好后可以用厨房纸吸去多余的油分。

活色生香的烤箱菜：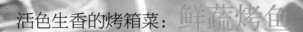

第一次吃这种烤鱼是在街边的一个小店，毫不起眼的店面，烤鱼却做得非常诱人，将烤至香酥的鱼放到炒好的各色蔬菜里炖着，热乎乎地端上桌，鱼酥脆麻辣，沾了鱼香味的蔬菜也格外好吃。老公爱极了这种烤鱼，我在家经常会做，不过调整了口味，使它更适合南方人吃。老公偏爱汤汁少的烤鱼，而我更爱吃泡在汤汁里的烤鱼。

材料　鲫鱼4条，土豆1个，莴笋1根，藕1节，红椒1个，香菜、姜、蒜适量

调料　盐3茶匙，糖2茶匙，料酒2汤匙，生抽2汤匙，老抽半汤匙，醋半汤匙，香辣豆豉酱1茶匙，水1碗

❶

鲫鱼清洗干净，鱼身划花刀，用2茶匙盐抹匀腌制半小时左右，鱼肚内塞一些姜片和蒜去腥。

❷

土豆、藕和莴笋切条，红椒切块备用。

❸

油锅入蒜爆香，先倒入土豆煸炒至软，再加入藕和莴笋炒至断生，加入剩余的调料煮至入味，出锅前撒入红椒块。

❹

腌好的鱼两面均匀地刷上花椒油，入预热好的烤箱，200℃烤半小时左右，烤好后可以撒一些胡椒粉和孜然粉等。

❺

炒好的蔬菜倒在鱼身上，继续入烤箱烤10分钟左右，取出后撒上香菜段。

厨艺笔记

1. 鲫鱼要处理干净，尤其是鱼肚内的黑膜。充分处理干净的鱼才不会腥。

2. 鱼腌之前要用厨房纸充分擦干，腌过之后会出水，也要充分擦干，鱼烤的时候不出水，才会有焦香味。

3. 油锅烧至五六分热，下入花椒，花椒变黑后捞出，剩下的便是花椒油。花椒油可以去腥提味。

4. 蔬菜的种类和味道可以自行调整，如果喜欢吃浸在汤汁里的烤鱼，炒蔬菜时可多放些水。

5. 鱼第一次烤的时候要放在铺锡纸的烤盘上，并在锡纸上刷油以防粘。

煎加烤的美味：锡纸包烤鲈鱼

　　锡纸包烤鲈鱼是鲈鱼著名的吃法，也是很多饭店的招牌菜。煎至焦黄的鱼浇上酱汁，用锡纸包好，密封烤制，香味和鲜味都被牢牢锁住。拨开锡纸的那一瞬间，浓郁的香味扑鼻而来。饭店做这道菜时一般会上铁板，伴随着"嗞啦"声，香气四溢的烤鲈鱼就上桌了。家里做这道菜时很少会用铁板，一般用烤箱代替，味道一样诱人。

材料　鲈鱼 1 条（约 700 克），青、红
　　　椒各 50 克，洋葱半个，姜适量

调料　盐 2 茶匙，糖 1 茶匙，料酒 2 汤
　　　匙，生抽 1 汤匙，蒸鱼豉油 1 汤匙，
　　　醋半汤匙，色拉油 1 汤匙

❶

青、红椒和洋葱切丁，姜切片备用。

❷

洗净沥干的鲈鱼入油锅煎至两面金黄。

❸

将炒香的洋葱铺在碗底。

❹

碗内放上煎好的鱼，撒上青、红椒，
再浇上事先调好的调料。

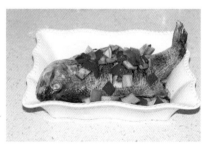

❺

用锡纸把鱼包紧，入预热好的烤箱
200℃烤 20 分钟左右即可。

厨艺笔记

1. 在鱼身正反面划几刀可以使鱼更
　 易入味。
2. 烤的时候一定要用锡纸把鱼包严
　 实，防止水分流失。

烤鱼这么做更好吃：孜然烤鲫鱼

　　常常被烧烤店的干烤鱼馋到口水直流，但是烧烤店的烤鱼总是撒了很多的辣椒粉，这对于不能吃辣的人来说是种煎熬，不如回家自己做。调味并不难，关键是如何烤出烧烤店那种干香味，经过反复尝试，我发现鱼煎过后再烤就不会出很多水分，从而能烤出干香味。如果不能吃辣，可做成孜然或椒盐味的，同样美味。

材料　鲫鱼2条（约600克），蒜、姜
　　　适量

调料　盐2茶匙，柠檬汁1汤匙，孜然
　　　粉5克，黑胡椒适量

1

鲫鱼洗净充分沥干，两面划花刀，鱼身内外均匀地抹上柠檬汁，待其充分吸收后再抹上盐腌制半天。

2

油锅爆香蒜片和姜片，下入鱼煎至两面金黄。

3

烤箱铺锡纸，放上煎好的鱼，撒上一半孜然粉和黑胡椒。

4

放入预热过的烤箱,200℃烤半小时,中间翻面一次，撒上另一半孜然粉和黑胡椒。

厨艺笔记

1. 鱼一定要处理干净才不会腥，尤其是鱼肚里的黑膜，一定要彻底去除。
2. 柠檬汁去腥提鲜，可以用鲜榨的，也可以用瓶装的，实在没有就用料酒代替。
3. 鱼煎过再烤能锁住鱼身水分，从而烤出干香味。
4. 孜然粉也可以根据个人口味换成辣椒粉。

可以当零食吃的菜：干煎带鱼

带鱼的众多吃法中，我最喜欢干煎。煎得香喷喷的鱼，可以直接用手抓着吃，与其说它是一道菜，不如说是一道美味零食。用手抓着吃食物会让人感觉非常惬意，食物也越吃越美味。干煎带鱼本身味道极佳，刚煎好的鱼外脆内嫩，咸鲜入味，越嚼越香，不知不觉就一盘下肚了。

材料　带鱼 200 克

调料　柠檬汁半汤匙，盐半茶匙，黑胡椒、椒盐、孜然粉、淀粉适量

❶

带鱼洗净充分沥干后切段，再均匀地抹上柠檬汁，充分吸收后均匀地抹上除淀粉外的所有调料，腌制 1 小时以上。

❷

将腌制过的带鱼两面轻拍一层淀粉。

❸

油锅烧热后转中小火，下入带鱼。

❹

将带鱼煎至两面金黄即可。

厨艺笔记

1. 用柠檬汁可以去腥，要等柠檬汁充分吸收后再抹盐，这样不会冲淡调料的味道。

2. 鱼身一定要拍淀粉，不仅防粘而且能煎出酥脆的口感。

3. 煎好的鱼可以用厨房纸吸去多余油分，趁热吃，口感最好。

懒人宴客菜：盐焗虾

这是一道要极力推荐的菜肴，做法虽然简单，味道和造型却是宴客级的。盐焗是一种很神奇的烹饪方式，利用盐的导热原理让虾慢慢变熟，这个过程中虾不仅吸收了盐的热量也吸收了盐的咸度，在不加水的情况下就能把虾原始的鲜香和美味激发得淋漓尽致。家里来客时只需半小时左右就能端上这样一盘诱人的美味。

材料　基围虾 200 克，花椒、葱适量

调料　海盐 250 克，现磨黑胡椒适量

1

　　基围虾挤去头部黑色的鳃，抽去虾线，洗净充分沥干后串上竹签。

2

　　将海盐均匀地铺在烤盘里，上面撒些花椒，烤箱预热至 200℃，放入烤盘。

3

　　将虾铺在烤热的海盐上，撒上香葱末，烤 7 ～ 8 分钟，中间翻面一次。

4

　　取出烤好的虾并抖去盐，撒上现磨黑胡椒即可。

厨艺笔记

1. 虾一定要用厨房纸充分吸干水分，这样烤的时候才不会使盐溶化从而导致虾太咸。
2. 花椒的作用是去腥以及提香。
3. 盐尽量选颗粒粗一些的，不容易沾在虾身上；烤好的虾身如果沾有盐粒，可以
   拿烧烤用的小刷子刷掉。
4. 烤的时间不要太长，虾身变红就可以了，要注意保持虾肉的鲜嫩。

零难度无油烟烤箱菜：蒜蓉烤鲜虾

人生总要不断地尝试，有尝试才有新发现。有次和朋友们在饭店点了一道铁板基围虾，非常美味，只是数量太少，吃得不过瘾。回家赶紧如法炮制，家里没有铁板就用烤箱代替。结果用烤箱烤的虾鲜嫩美味、清爽健康，并不比用铁板烤的差，我的宴客菜单上又多了一道好菜。

材料　新鲜基围虾 200 克，葱、蒜适量

调料　盐半茶匙，料酒 1 汤匙，生抽 1 汤匙，食用油 1 汤匙，现磨黑胡椒适量

❶

　　基围虾去掉虾鳃以及虾线，洗净充分沥干，加料酒、盐、黑胡椒抓匀，腌制 20 分钟左右。

❷

　　蒜切末，加生抽和食用油拌匀腌制一会儿。

❸

　　将腌好的虾排在烤盘里，均匀地撒上现磨的黑胡椒。

❹

　　铺上蒜末，入预热好的烤箱，200℃烤 10 分钟左右，出炉后撒些葱花作装饰。

厨艺笔记

1. 虾要充分沥干，这样烤的时候才不会出水。
2. 蒜末用生抽和食用油腌制一会儿是为了冲淡蒜的辛辣味。
3. 虾排在烤盘里不仅美观，而且烤的时候受热更均匀。
4. 为了保持虾的鲜嫩，烤制的时间一定不能太长。

三文鱼新吃法：香煎三文鱼

记得很小的时候第一次跟爸爸在饭店吃三文鱼，以为三文鱼一定要配着芥末才好吃，结果被辣得睁不开眼睛，从此三文鱼便被我划入了美食的黑名单。现在因为常去自助餐厅，也就慢慢接受了三文鱼。其实三文鱼除了生吃，煎到八九分熟再吃也很不错，尤其适合小朋友和老人。

材料　三文鱼 200 克

调料　盐半茶匙，黑胡椒适量，鱼露半汤匙，柠檬汁半汤匙，蜂蜜 1 茶匙

1　所有调料拌匀，放入三文鱼腌制半小时以上，期间可以翻面并按摩一下。

2　不粘锅内加少许橄榄油，烧热后转小火，下入三文鱼并把腌三文鱼的调料倒入锅内一同煎。

3　煎好一面后翻面再煎，煎至表面微焦黄即可。

厨艺笔记

1. 为了保持三文鱼的原色，我用了颜色很浅的鱼露调味。
2. 柠檬汁去腥提味，和三文鱼相搭口感也不错，所以煎好后可以根据个人口味挤上一些鲜柠檬汁。
3. 煎的时间应保持在 1 分钟左右，煎到八九分熟即可，煎的时间太长肉质易老。
4. 煎好的三文鱼可以配上自己喜欢的蔬菜一起吃。

我家最受欢迎的烤箱菜：彩椒烤秋刀鱼

　　老公爱吃鱼，自然是很爱这道烤鱼的，我和儿子以及婆婆也对这秋刀鱼情有独钟。秋刀鱼很适合烤着吃，烤过的秋刀鱼，皮脆肉嫩，有一股特殊的鲜香，那个味道常常让人怀念。秋刀鱼的鱼刺很少，营养也很丰富，特别适合老人和孩子食用。每次逛超市看到有秋刀鱼，我就会买些回来放冰箱冻着，想吃的时候拿出来烤一下，很简单的做法，却百吃不厌！

材料　秋刀鱼650克，红、黄、绿彩椒
　　　各半个

调料　盐8克，黑胡椒2克，椒盐2克，
　　　孜然粉2克，橄榄油适量

1

盐、黑胡椒、椒盐、孜然粉混合均匀。

2

彩椒洗净切块，撒少许盐拌匀腌
制一会儿。

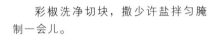

3

秋刀鱼去内脏，洗净充分擦干，鱼
身正反面都划斜刀，鱼身内外均匀地抹
上调料，腌制半小时以上。

4

秋刀鱼鱼身正反面都刷上橄榄油，
入预热的烤箱，200℃烤20分钟后取出
翻面，撒上彩椒块，再撒上剩余的调料，
继续烤10分钟左右。

厨艺笔记

1. 彩椒用盐腌制一会儿后会出水，这样烤的时候就不会出太多水了，也更入味。
2. 吃的时候，可以挤些柠檬汁在上面，酸酸的味道和秋刀鱼很搭。

自制人气烧烤：香烤鱿鱼

烤鱿鱼的香味，走在大街小巷总能闻到，而我们也总是不由自主地被它浓郁的香气吸引过去，不管是酱香的还是麻辣的，最后总要满足地吃上几串才会罢休，这就是烤鱿鱼的魅力所在。作为煮妇，学会了制作这道人气烧烤才能随时应付家里大大小小的吃客们。

材料　鱿鱼 400 克，熟芝麻、花椒、姜、香葱适量

调料　烧烤酱 2 汤匙，韩式辣酱 1 茶匙，色拉油 2 茶匙，孜然粉、现磨黑胡椒适量

❶

将鱿鱼处理干净，切成大块。将花椒和姜片放入开水锅内煮一会儿，倒入鱿鱼，烫到打卷后关火。

❷

用厨房纸吸去鱿鱼表面的水分，用竹签串好。

❸

将烧烤酱、辣酱、色拉油混合均匀，调成酱汁。

❹

鱿鱼两面均匀地刷上酱汁，铺在刷了油的锡纸上，放入预热好的烤箱，200℃烤 15 分钟左右。

❺

中间翻面一次，刷上剩余酱汁，最后 3 分钟时撒上芝麻和葱花，吃的时候再撒些孜然粉和现磨黑胡椒。

厨艺笔记

1. 汆水时加些花椒可以去腥，汆水时间不要过长，否则口感易老。
2. 汆完水的鱿鱼一定要用厨房纸充分吸干水分，水分太多会冲淡酱料的味道。
3. 用几种不同的酱调成的酱汁口感更丰富，品种可以根据喜好更换。

最好吃的鱼头做法：焗烤鱼头

　　江南最有名的鱼头做法当属"鱼头汤"，我却更爱这道焗烤鱼头，咸鲜入味，不管是鱼头还是鱼肉，配上酱料吃起来都超级鲜美，简直连汤汁也不想放过。这道菜的灵感来源于饭店的生焗鱼头，我回家自己尝试并进行了改进，用自家常用的酱料调了味道，把明火焗改成了烤箱焗。虽然和饭店的味道略有不同，但也算是有异曲同工之妙。

材料　草鱼头1个（约1000克），蒜1
　　　头，洋葱半个，香菜、葱适量

调料　盐2茶匙，糖3茶匙，柱侯酱2
　　　汤匙，香辣豆豉酱半汤匙，樱桃
　　　酒3汤匙，生抽1汤匙，老抽1
　　　汤匙，醋半汤匙

1

　　鱼头清洗干净并充分沥干，加所有
调料拌匀，腌制半小时左右。

2

　　油锅倒入蒜头炒至微焦，再倒入洋
葱丁炒香。

3

　　将炒好的蒜头和洋葱铺在烤碗内，
均匀地铺上腌好的鱼头。

4

　　烤碗盖上锡纸放入预热好的烤箱，
200℃烤半小时左右，烤好后撒上香菜
和葱。

厨艺笔记
1. 调料中的樱桃酒是自酿的，用果酒做的鱼头会更香一些，没有的话也可以用料
　 酒代替。
2. 鱼头一定要充分沥干水分之后再腌，水分太多会冲淡调料的味道。
3. 烤的时候记得盖锡纸，防止鱼身表面烤得太干。

记忆里的美味小吃：香煎鱼饼

　　曾经在某个电视节目里看到过鱼饼，虽然不知道做法，也不知道味道如何，但是想做想吃的念头在心里挥之不去，最终自创了这道香煎鱼饼。选用了无刺的龙利鱼柳，做法更简单，肉质也细腻鲜嫩。为了追求口感，也没有加面粉之类的黏合剂，全凭鱼肉本身的胶质而成型，味道自然，更原汁原味。

材料　龙利鱼柳 260 克，葱适量

调料　盐半茶匙，料酒半汤匙，黑胡椒
　　　适量

❶

龙利鱼柳洗净，充分沥干，剁成细腻的鱼蓉。

❷

加葱末和调料搅拌上劲。

❸

将拌好的鱼蓉做成大小均匀的鱼饼。

❹

油锅烧热后转中小火，放入鱼饼煎。

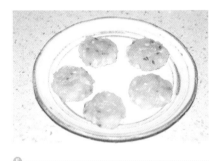

❺

待一面煎至定型后翻面，煎至两面金黄即可。

厨艺笔记

1. 龙利鱼柳没有刺，比较适合做鱼饼。
2. 一定要搅拌上劲后才开始做鱼饼，否则难成型。
3. 煎好后可以用厨房纸吸去多余油分再食用。

Part 3

和酱油碰撞出
绝妙滋味

　　古话说"咸鱼淡肉",这是祖祖辈辈的厨师或煮妇们在长期烹调实践中总结出来的宝贵经验。烹调河海鲜时,大多是要咸一些的,特别是烧、炖、焖时。"咸"这一味除了"盐"之外,也离不开"酱"。用各式各样的酱料烹调出来的河海鲜,浓油赤酱,滋味悠长。浓郁的酱香掩去了河海鲜的腥味,并把河海鲜独有的鲜味提得恰到好处。

"嗍"的乐趣：酱爆螺蛳

　　"江南人都是吃螺蛳的高手，唇齿之间，轻轻一嗍，螺肉应声入口。实在无从下手的还可以借用牙签。螺肉本无大味，吃螺蛳，除了螺肉的紧致口感，享受的更是吸食本身的乐趣。"这段《舌尖上的中国》里对于螺蛳的解说词很好地描绘了人们对于螺蛳的喜爱。螺蛳本是大自然的产物，却被好吃的人们收入囊中，用各式各样的方法加以烹饪，使其成为了餐桌上不可或缺的美味。

材料　螺蛳 700 克，青、红椒各 30 克，
　　　葱、姜、蒜适量

调料　盐 1 茶匙，糖 3 茶匙，料酒 3 汤匙，
　　　生抽 1 汤匙，老抽 1 汤匙，香辣
　　　豆豉酱 1 茶匙，水半碗

❶

青、红椒切块，姜切片，蒜去皮拍散，
葱切段备用。

❷

油锅加入姜片和蒜爆香，倒入洗净
沥干的螺蛳翻炒。

❸

加入所有调料煮开，转小火煮 5 分
钟左右。

❹

加入青、红椒后用大火收汁，出锅
前撒入葱段。

厨艺笔记

1. 螺蛳比较腥寒，加些辣椒或辣酱能去腥提味。
2. 最后大火收汁是为了让味道更融合更浓郁，但注意不要收干汤汁，浸在汤汁里
　 的螺蛳才好吃。

传统酱料调出惊艳味道：豆瓣酱烧鲫鱼

　　外婆在世时每年都会做很多黄豆酱，那是我记忆里最爱的食物之一，一点点黄豆酱就能让不爱吃饭的我吃下一碗饭。制作黄豆酱是世代传承的既平凡又珍贵的手艺，可惜外婆去世后家里就没人再愿意拾起这个烦琐的手艺了。现在想吃黄豆酱只能去超市买现成的豆瓣酱，虽然酱香没有外婆做的黄豆酱浓郁，但也能给平常的菜肴增添亮丽的色彩，这道豆瓣酱烧鲫鱼就是要极力推荐的佳肴。

材料　鲫鱼600克，葱、姜、蒜适量

调料　豆瓣酱1汤匙，料酒3汤匙，生
　　　抽1汤匙，老抽1汤匙，糖3茶匙，
　　　水适量

❶

鲫鱼洗净沥干，鱼身两面划花刀。

❷

不粘锅倒油烧热，下入鱼煎至两面
金黄。

❸

另起油锅加入姜片、蒜头、葱白
爆香。

❹

放入鱼以及所有调料，煮开后转小
火炖10分钟左右。

❺

最后大火收汁并撒入葱花。

厨艺笔记

1. 鱼腹内的黑膜很腥，一定要彻底
　去除干净。
2. 如果用普通锅煎鱼，可以在鱼身
　两面轻拍一层淀粉后再煎，这样
　不容易粘锅。
3. 豆瓣酱和酱油都有咸味，不需要
　另外加盐。
4. 炖的时候适时翻面，如果担心鱼
　碎而不想翻面，可用汤勺舀汤汁
　不断往鱼身上浇，让鱼上色入味。

创意家常菜：元宵烧鲳鱼

　　我第一次在饭桌上看到这道菜的搭配时非常担心它的味道，但是尝过之后被彻底征服。鱼照样咸鲜入味，而里面的元宵给我带来了全新的味觉体验。元宵通常是作为甜点出现在餐桌上，从来没有尝试过咸味的吃法。煮得恰到好处的元宵裹上鱼的汤汁，咸鲜Q弹，甚至胜过了鱼的味道。这道佳肴，值得一试。

材料　鲳鱼 300 克，元宵 150 克，葱、姜、
　　　蒜适量

调料　盐半茶匙，糖 3 茶匙，料酒 3 汤匙，
　　　生抽 1 汤匙，老抽 1 汤匙，醋半
　　　汤匙，水 1 碗

❶

　　鲳鱼清除内脏后洗净沥干，鱼身两
面划花刀。

❷

　　元宵入开水锅中煮至浮起，捞出过
凉水备用。

❸

　　油锅烧热，下入鱼煎至两面金黄。

❹

　　加入所有调料以及姜和蒜，煮开后
转小火煮 10 分钟左右。

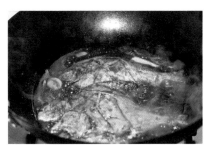

❺

　　倒入元宵大火收汁，出锅前撒入
葱花。

厨艺笔记

1. 鱼入锅煎之前可以轻拍一层淀粉
防粘。
2. 元宵煮熟之后过凉水口感更 Q
弹，最后入锅煮的时间也应尽量
短，以保持 Q 弹的口感。

饭店招牌菜轻松做：一锅鲜

　　这道菜是我们这边饭店的招牌菜，把各种杂鱼放在一起烧，味道异常鲜美。饭店一般会加两三种鱼，还有河虾，有时还会放小螃蟹或者鳝鱼。老公爱吃河鲜，所以我常在家自己做。做一锅鲜时不用买太大的鱼，小一些的鱼做出来的味道更鲜美，各种新鲜的鱼都可以，按平常做红烧鱼的方法做，但味道绝对比用单独一种鱼做的鲜美。每次我都喜欢多煮些汤，用这个汤拌饭，鲜极了！

材料　河虾 250 克，鲫鱼 1 条（约 300 克），昂公 2 条（约 300 克），葱、姜、蒜适量

调料　盐 1 茶匙，糖 2 茶匙，料酒 3 汤匙，生抽 1 汤匙，老抽 1 汤匙，水适量

❶

油锅加姜片爆香，倒入洗净沥干的河虾炒到变色后盛出备用。

❷

将洗净沥干的鲫鱼和昂公入油锅煎至两面金黄。

❸

加入所有调料以及姜片和蒜头煮开，转小火炖 15 分钟左右。

❹

倒入虾煮 2 ～ 3 分钟。

❺

出锅前撒入葱段。

厨艺笔记

1. 为了保持河虾的新鲜，趁它们活的时候在油锅里走一下，后面煮的时间就不用太久，从而保持河虾鲜嫩 Q 弹的口感。
2. 煎鱼时可以在鱼身上轻拍一层淀粉防粘，也可以直接用不粘锅煎。

菌菇和鱼的绝妙搭配：香菇烧鳊鱼

　　有些食物被赋予了情感之后就变得特别美味。这道菜是跟上学时的闺蜜学的，已经是十多年前的事了，但这鱼的味道一直留在我的记忆里，历久弥新！每个人的人生道路上总有一些人在影响着你。也许自己喜欢做菜这件事和当年闺蜜教的香菇烧鳊鱼没有关系，但她一定影响过我，让现在的我变得更好。如今，我们已经天各一方，但每每想起这些，就觉得很美好！

材料　鳊鱼1条（约650克），鲜香菇　　　调料　盐1茶匙，糖3茶匙，料酒3汤匙，
　　　200克，葱、姜适量　　　　　　　　　　　生抽2汤匙，老抽1汤匙，醋半
　　　　　　　　　　　　　　　　　　　　　　　汤匙，水适量

❶

鳊鱼洗净沥干，两面划花刀。

❷

油锅爆香姜片，下入鱼煎至两面金黄。

❸

另起油锅，倒入切末的香菇煸出香味。

❹

鱼重新入锅，加入所有调料以及香菇，
煮开后转小火炖15分钟，中间翻面一次。

❺

最后大火收汁，撒入葱末即可。

厨艺笔记

1. 鱼要清洗干净，尤其是鱼肚里的
   黑膜要彻底清除，这样鱼才不会
   那么腥。
2. 煎鱼的时候可以在鱼身上轻拍一
   层淀粉防粘，也可以用不粘锅煎。

美味至极的一锅烩：番茄豆腐鱼煲

在家经常做一锅烩，用一种肉类搭配喜欢的蔬菜一起炖，美味与营养兼具；也很省事，用一锅菜就能搞定一顿饭，特别适合懒人或者上班族。发明一锅烩的人当初也应该是图方便省事，却没想到做出如此好的味道。

材料　黑鱼 1 条（约 500 克），豆腐 1
　　　块（约 400 克），草菇 250 克，
　　　姜、青蒜适量

调料　盐 2 茶匙，糖 3 茶匙，料酒 3
　　　汤匙，生抽 1 汤匙，老抽 1.5 汤
　　　匙，醋半汤匙，香辣豆豉酱半汤
　　　匙，水适量

❶

将宰杀好的黑鱼洗净沥干，切小段。

❷

草菇对半切开，焯水备用。

❸

油锅放入姜片爆香，倒入鱼块翻炒
至变色。

❹

先调入料酒，再加入其他调料以及
草菇和豆腐煮开，转小火炖 15 分钟左右。

❺

最后大火收汁，出锅前撒入青蒜。

厨艺笔记

1. 可以用其他你喜欢的鱼类做这道菜。
2. 配料品种不要太少，否则味道太
　　寡淡。
3. 可以稍微加一些辣，去腥也提味。

媲美"麻小"的鲜虾吃法：酱烧罗氏虾

　　罗氏虾的肉质和口感都同小龙虾相接近，肉质 Q 弹鲜嫩，加一点点带辣味的酱一起煮，美味瞬间提升。尤其是成熟之后的罗氏虾，虾头里面的虾黄甚至可以媲美蟹黄，好吃程度并不亚于"麻小"。也可以用十三香的调料包来煮，味道就更接近"麻小"了。罗氏虾的壳相对比较厚，一定要煮得入味才好吃，煮之前把虾背剖开，煮好后再稍微焖煮一会儿更易入味。

材料　罗氏虾 500 克，葱、姜、蒜适量

调料　盐半茶匙，糖 3 茶匙，料酒 2 汤匙，生抽 1 汤匙，老抽 1 汤匙，香辣豆豉酱 1 茶匙，水适量

❶

虾洗净沥干，背面剖开。

❷

油锅入姜和蒜爆香。

❸

倒入虾翻炒至变色。

❹

加入所有调料煮开，转小火煮 5 分钟左右至虾入味。

❺

最后大火收汁并撒入葱花。

厨艺笔记

1. 虾入锅前要充分沥干，防止爆锅。
2. 虾要剖开背后再煮，罗氏虾的壳比较厚，不剖开不容易入味。
3. 豆豉酱可以换成其他酱料，稍微带点辣味的可以更好地提味。

秋刀鱼的另类吃法：

对秋刀鱼最初的印象是日料店里摆盘精美的各色烤秋刀鱼。后来秋刀鱼慢慢走入了大众的自助餐厅，但大多也是以烤的形式出现。我和家人都很喜欢吃秋刀鱼，以前也总是烤着吃，这次想换换口味，尝试着做了这道红烧秋刀鱼，结果被它的味道惊艳到了。秋刀鱼肉质紧致厚实，裹上红烧酱汁后的味道十分迷人，甚至比以前吃过的其他品种的红烧鱼更胜一筹。

材料　秋刀鱼400克，葱、姜、蒜适量

调料　盐1茶匙，糖3茶匙，柠檬汁1
汤匙，生抽1汤匙，老抽1汤匙，
水半碗

❶

将秋刀鱼去除内脏后清洗干净，充
分沥干。

❷

不粘锅内倒入油烧热，下入秋刀鱼
煎至两面金黄。

❸

另起油锅，爆香姜片和蒜头后重新
放入鱼，加入所有调料煮开后再转小火
炖10分钟左右。

❹

最后大火收汁后撒入葱花。

厨艺笔记

1. 秋鱼刀一般都是冰冻的，挑选时应选肉质按着紧实且鳞片齐全的。

2. 没有柠檬汁可以用料酒代替，但柠檬汁的味道和秋刀鱼的口感更搭。

蒜的奇滋妙味：蒜子红烧鱼

　　蒜曾是我很讨厌的一种食材，因为它总是留下让人难以接受的味道且久久不散。但自己下厨后发现蒜是厨房里不可或缺的配角，几乎每一道菜都离不开它，每道菜都因为有它而增色不少。这道蒜子红烧鱼便是如此，原本普通的红烧鱼因为加了大量的蒜子一起烧煮，香气变得格外浓郁诱人，味道也让人咂嘴称赞，甚至连原本辛辣的蒜也变得粉糯柔和。

材料　草鱼块 500 克，蒜 2 头，葱、姜
适量

调料　盐半茶匙，糖 2 茶匙，生抽 2 汤匙，
老抽 1 汤匙，醋半汤匙，啤酒半瓶

①

将鱼块洗净沥干后入油锅煎。

②

一面煎至定型后翻面，煎至两面金
黄即可。

③

加入所有调料以及姜和蒜头煮开，
转小火炖 10 分钟左右。

④

最后大火收汁，撒入葱段即可。

厨艺笔记

1. 鱼块入锅煎之前一定要充分沥干。如果用普通锅煎，鱼身表面可以轻拍一层淀
粉防粘。

2. 一定要等一面煎至定型后再翻面，否则容易碎。

3. 啤酒有去腥提鲜的作用。

煮妇的必修课：糖醋鲈鱼

在中国传统的年俗中，年夜饭桌上必须有一道菜是鱼，象征着"年年有余"，江浙一带的年夜饭桌上最常见的就是这道糖醋鱼。比起家常的红烧做法，酸甜口味的糖醋做法更受江浙人欢迎。可选用鲈鱼或鳜鱼等刺少的鱼类做这道菜，能煎出一条完整的鱼就算成功了一半，剩下的调味只要按步骤操作即可。

材料　鲈鱼500克，葱、姜、蒜适量

调料　盐半茶匙，糖5茶匙，料酒3汤匙，生抽1汤匙，老抽1汤匙，醋5汤匙，水适量

1

鲈鱼洗净后两面划花刀，用厨房纸擦干水分后轻轻拍上一层淀粉。

2

油锅烧热后下入鱼煎至两面金黄。

3

加入所有调料以及姜、蒜煮开，转小火炖15分钟左右，中间翻面一次。

4

最后大火收汁，撒入葱末即可。

厨艺笔记

1. 鱼身拍一层淀粉可以防粘，如果用不粘锅煎，可以省略这一步。
2. 如果觉得掌控不好翻面，也可以不翻，但要用勺子不断将汤汁浇到鱼身上，让鱼均匀地入味和上色。

最爱照烧味：照烧龙利鱼

　　"照烧"是日本传统的烹饪方法，就是将煎烤后的肉类裹上酱汁一起食用。现在的照烧做法有所改良，但并不影响人们对于照烧菜肴的喜爱，照烧鸡腿、照烧鱼都是饭桌上的常客。做照烧菜肴的时候可以直接用酱汁做，除了照烧酱以外，排骨酱和海鲜酱也都很适合，当然也可以根据自家的口味调照烧汁。不管哪一种做法，家人爱吃就是最适合的做法。

材料　龙利鱼柳 300 克，葱、姜适量

调料　料酒 2 汤匙，生抽 1 汤匙，老抽半汤匙，海鲜酱 2 茶匙，盐半茶匙，糖 3 茶匙，水半碗

1

龙利鱼柳解冻后洗净沥干并切大段。油锅爆香姜片后放入鱼段，煎至变色。

2

加入所有调料煮开，转小火煮 10 分钟左右。

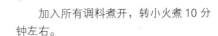

3

中间翻面一次。

4

最后大火收汁，撒入葱末即可。

厨艺笔记

1. 照烧酱汁的味道可以根据自家口味自由调配。

2. 煮的时候要看着火，加了酱的菜肴比较容易煳底。

Part 4

蒸出来的
鲜滋味

以前不下厨的时候，对做饭这件事有着很多误解，比如不喜欢将河海鲜蒸着吃，因为总觉得清蒸河海鲜腥味多过鲜味。后来自己下厨尝试后才发现，其实有些河海鲜蒸着吃，有着红烧或炖汤所没有的绝妙滋味。比如第一次吃过清蒸带鱼之后，那种清鲜肥美、入口即化的味道便俘虏了我的味觉。原来只要做法得当，河海鲜蒸着吃也会非常出彩。

爱上清蒸的味道：火腿蒸黄鱼

　　以前不爱吃清蒸的鱼，总觉得腥，后来慢慢爱上了自己做的清蒸鱼。其实只要做法得当，清蒸鱼也可以鲜美无比。普通的清蒸鱼做法是鱼蒸完后把蒸出来的汤汁倒掉，去腥留鲜。而这道火腿蒸黄鱼为了留住火腿的咸鲜味，蒸出来的汤汁是要留着的，所以前期鱼的清洗就相当重要，一定要把产生腥味的黑膜和血污清洗得十分干净，而且去腥的葱、姜也必不可少。蒸好的鱼混合了火腿的咸鲜和浓香，格外入味。

材料　黄鱼1条（约400克），火腿50　　　调料　盐1茶匙，料酒2汤匙
克，葱、姜适量

1

黄鱼洗净充分沥干，鱼身两面划花刀且内外都用盐抹匀，腌制15分钟以上。

2

火腿切薄片，塞入鱼身两面的刀缝里。

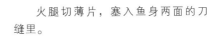

3

鱼肚里塞些葱、姜，鱼身也撒上葱、姜，再均匀地浇上料酒。

4

上开水锅蒸7～8分钟出锅，把鱼身表面的葱、姜夹去，撒上葱花再浇上烧热的油即可。

厨艺笔记

1. 鱼一定要清洗得很干净，尤其是鱼肚里的黑膜和血污要彻底清除，这样清蒸出来的鱼才不会腥。
2. 鱼要充分沥干再抹盐，水分太多会稀释味道。
3. 火腿本身有咸味，不需要再加太多盐。

贝类的原味吃法：葱油蛏子

蛏子因为价格亲民、营养丰富、口感鲜美而成为人们最喜爱的贝类。蛏子常常以各种各样的形式出现在餐桌上，包括爆炒蛏子、铁板蒜泥蛏子以及蛏子汤等。今天介绍的蛏子做法，鲜而不腥，原汁原味。新鲜的蛏子经过煮和蒸两道工序，去除了大部分的腥味，再浇上味汁和热油，一盘葱香四溢的蛏子就出炉了。

材料　蛏子 500 克，葱、姜、红椒适量

调料　料酒 2 汤匙，蒸鱼豉油 2 汤匙，
食用油适量

①

蛏子表面洗净，入烧开的加了葱、姜的水锅内煮至汤色发白。

②

将煮好的蛏子去壳，撕去表面的一层膜和黑线，整齐地铺在盘内，加料酒和葱、姜入开水锅蒸 2～3 分钟。

③

蒸好的蛏子倒去汤汁，拣去葱、姜，重新摆盘后撒上葱花和红椒末。

④

浇上蒸鱼豉油和烧热的食用油即可。

厨艺笔记

1. 蛏子煮之前用加了盐和油的水浸泡一会儿，使其吐尽泥沙。
2. 焯水能很好地去腥，焯水后蛏子表面的膜也更容易去除。
3. 蒸过之后的汤汁一定要倒掉，这也是去腥的重要步骤。

吃过会上瘾的清蒸鱼：香菇蒸鸦片鱼

以前婆婆常做一种老公很喜欢吃的清蒸鱼，后来知道那是鸦片鱼，学名鲽鱼。至于为什么称之为鸦片鱼，大概是因为其肉质细腻肥美，入口即化，吃过还想吃，仿佛鸦片一般令人上瘾吧！我在婆婆的做法上做了些改良，加了些鲜香菇一起蒸，外观更好看，味道更丰富，营养也更均衡，是一道抢眼的宴客菜。

材料　鸦片鱼 250 克，香菇 2 个，葱、蒜、红椒适量

调料　盐 1 茶匙，料酒 1 汤匙，蒸鱼豉油 1 汤匙

❶

鸦片鱼用钢丝球轻轻擦掉表面鱼鳞，洗净沥干。

❷

将鸦片鱼摆在盘内，上面排上切片的香菇，撒上红椒末和蒜末，最后浇上料酒和蒸鱼豉油。

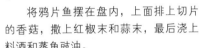

❸

上开水锅蒸 5 分钟左右，出锅后撒上葱末。

厨艺笔记

1. 鱼鳞一定要去除净，这样才不会腥。
2. 蒸的时间不要过长，以保持鱼肉的鲜嫩。

高大上的海鲜菜：蒜蓉粉丝蒸小鲍鱼

　　以前鲍鱼是出现在电视里的可望不可及的高级食材，现在随着人工养殖技术的成熟，鲍鱼也开始出现在平常人家的餐桌上，最著名的做法当属这道"蒜蓉粉丝蒸小鲍鱼"。经过短暂的蒸制，小鲍鱼吸收了蒜蓉的香气变得极为鲜嫩，底部的粉丝更是鲜美无比。做法虽然简单，但食材新鲜而珍贵，只要稍加点缀，就是一道极为惊艳的宴客菜品。

材料　小鲍鱼11个，粉丝50克，蒜1头，
　　　葱、红椒适量

调料　盐1茶匙，蒸鱼豉油1汤匙，料
　　　酒2汤匙，糖半茶匙·

1
　　粉丝剪短后入冷水锅煮开并浸泡一
会儿，沥干后摆在盘内并均匀地撒上半
茶匙盐。

2
　　小鲍鱼去除内脏，清洗干净后切花
刀，再均匀地排在粉丝上。

3
　　蒜切末入油锅，用小火炒至金黄，
连油一起倒入碗内，加剩余调料拌匀。

4
　　将蒜汁均匀地铺在小鲍鱼上。上开
水锅蒸5分钟，出锅后撒上葱花和红椒
末点缀。

厨艺笔记

1. 粉丝吸水性比较强，所以要提前煮过再泡过，待其充分吸收水分，这样蒸的时
　 候就不会把汤汁吸干了。但注意不要煮太久，以免失去口感。
2. 鲍鱼是带壳的，如果不想自己处理，可以让菜场师傅代劳。鲍鱼只有黄色的肉
　 可以食用，其他部分都要处理干净。
3. 切花刀是为了更入味，外观也更好看。
4. 蒸的时间一定不能长，否则鲍鱼肉就老了。

老少皆宜，居家必备：花蛤炖蛋

儿子从小就喜欢吃炖蛋，家里也常做普通的炖蛋，有时会加点肉末。有次在饭店吃过花蛤炖蛋之后，儿子就一直念念不忘，叫我做给他吃。虽说炖蛋是再家常不过的菜，但要炖出细腻嫩滑的蛋也是有学问的，不过只要照着步骤认真学，厨房菜鸟也能做出漂亮的炖蛋。另外，掌握了普通炖蛋的做法，再根据自己的喜好添加其他的食材，就能做出与众不同的炖蛋。

材料　鸡蛋 2 个，花蛤 200 克，葱、姜
　　　适量

调料　盐 1 茶匙，花蛤汤 200 克，料酒
　　　2 汤匙，蒸鱼豉油 1 汤匙

❶

锅内水烧开，加入料酒以及葱、姜
煮一会儿，再倒入洗净的花蛤，煮至开口。

❷

捞出花蛤，摆在蒸碗里。

❸

鸡蛋加盐充分打散，加入放温的花
蛤汤拌匀。

❹

将蛋液过滤一下，再缓缓倒入蒸
碗内。

❺

蒸碗包上保鲜膜，入开水锅蒸 10 分
钟左右，出锅后撒上葱花，浇上蒸鱼豉油。

厨艺笔记

1. 花蛤买来后需浸泡在加盐、油的
　水里 2 小时以上，使其吐净泥沙。
2. 煮花蛤的时间不要太久，开口即可。
3. 花蛤汤沉淀一下再用，避免加入
　残存的泥沙，也可以用水代替，
　不过花蛤汤更鲜。
4. 这个配方蒸出的蛋比较嫩滑，喜
　欢 Q 弹一点的可以减少汤的用量。

清新文艺范的创意菜品：虾蓉冬瓜塔

　　在海底捞吃火锅时，看到他们的虾滑是装在裱花袋里挤进锅里的，觉得挺好玩，回家琢磨着也这样做道菜。想了几种可以和虾蓉搭配的蔬菜，最后决定用冬瓜，因为冬瓜比较清鲜，颜色与味道和虾也比较搭。这道菜除了味道不错，造型更是夺人眼球，虽然做起来稍显麻烦，但家里来客时端上这样一道菜还是很有面子的！

材料 冬瓜适量，新鲜基围虾150克，
姜适量

调料 盐1茶匙，黑胡椒适量

❶

冬瓜去皮、去瓤，用饼干模切成你喜欢的形状。

❷

基围虾剥出虾仁后剁成细腻的虾蓉，加姜蓉、半茶匙盐以及黑胡椒拌匀。

❸

熬完虾油的虾壳加水煮开后继续煮至汤色发白，加入冬瓜，软后加盐调味。

❹

将煮好的冬瓜捞出摆在盘里，虾蓉装在裱花袋里用花嘴挤出花纹。

❺

入开水锅蒸3分钟左右。注意蒸的时间不要太长，虾蓉完全变色就可以了。

厨艺笔记

1. 用新鲜基围虾剥虾仁，剥下来的壳熬虾油，熬完虾油的虾壳继续加水煮冬瓜，这样煮出来的冬瓜更清鲜。

2. 冬瓜比较硬不好切，将饼干模按在冬瓜上用刀的侧面拍几下就可以了；冬瓜不要切太厚，否则不入味，也难煮透。

3. 姜蓉去腥提鲜，但不要加太多，否则会抢去虾的味道。

清蒸鱼的绝美味道：清蒸带鱼

以前家里做带鱼一直是红烧或糖醋，因为觉得带鱼腥味太重，只有用红烧的方法才能做得不那么腥。偶尔试着做了一次清蒸带鱼，却从此爱上了这个味道。带鱼的肉质本来就很细腻，清蒸之后就更加鲜嫩肥美了。其实只要用对了方法，清蒸鱼也能鲜而不腥，甚至比红烧的味道更让人回味，有机会一定要试试。

材料　带鱼 300 克，红椒、葱、姜适量

调料　盐 1 茶匙，料酒 1 汤匙，蒸鱼豉油 1 汤匙，食用油 1 汤匙

①

姜切丝，葱切段再切点末，红椒切末备用。

②

带鱼清洗干净并充分沥干，加盐抓匀腌制 15 分钟以上。

③

将腌好的带鱼排在盘子里，均匀地浇上料酒，铺上葱、姜，上开水锅蒸 7 ~ 8 分钟。

④

出锅后倒去汤汁，撒上葱末和红椒末，浇上蒸鱼豉油后再浇上烧热的食用油即可。

厨艺笔记

1. 红椒用于装饰，可以省略。
2. 鱼蒸好之后需把汤汁倒掉，这样鱼才不会那么腥。

无油烟快手滋味蒸菜：豆豉蒸龙利鱼

　　家里的冰箱常备龙利鱼，因为龙利鱼不仅营养丰富，而且没有鱼刺，很适合小朋友吃，家里没菜或想吃的时候就可以拿出来煎或者炒。如果天气炎热，不想在厨房呆太久，用蒸的方法也不错。像这样加了豆豉蒸，原本清淡的鱼瞬间就会变得滋味无比。记得出锅后撒些葱花和红椒末，它们会让你的菜更好看，更有食欲哦！

材料　龙利鱼柳 400 克，豆豉 30 克，葱、
　　　蒜、红辣椒适量

调料　盐 1 茶匙，料酒 1 汤匙

①

龙利鱼柳自然解冻，洗净沥干后切
小块，加盐和料酒抓匀，腌制 15 分钟
左右。

②

油锅爆香蒜末，倒入切碎的豆豉
炒香。

③

将腌好的鱼铺在盘内。

④

将豆豉均匀地铺在鱼上。

⑤

入开水锅蒸 5 分钟左右，出锅后撒
葱花和红椒碎。

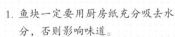

厨艺笔记

1. 鱼块一定要用厨房纸充分吸去水
   分，否则影响味道。
2. 豆豉有咸味，所以盐不要加得
   太多。
3. 蒸的时间不能过长，时间长了鱼
   肉会老。如果担心没蒸熟，关火
   后不要急着开盖，闷上几分钟。
4. 喜欢吃辣的可以加辣椒末一起蒸。

小清新宴客菜：虾仁豆腐丸子

　　虾和豆腐都是我喜欢的食材，尝试着把它们做了一次结合，结果虽不完美但也还不赖，味道清鲜，家人都很喜欢。家里也常做素丸子，为了追求口感，大多是油炸了再红烧。其实清蒸的口感也不错，尤其是搭配了新鲜的虾之后，味道、营养、外观都十分出众。

材料　鲜虾仁适量，豆腐1块，黄、绿、
　　　红彩椒各20克

调料　盐1茶匙，糖半茶匙，黑胡椒适量，
　　　食用油1茶匙

1

豆腐挤碎后用纱布挤干水分，彩椒
切丁。

2

豆腐加彩椒和所有调料拌匀。

3

虾仁加一点点盐和料酒抓匀腌制一
会儿。

4

豆腐加虾仁混合均匀，捏成丸子。

5

上开水锅蒸5分钟即可。

厨艺笔记

1. 豆腐的水分要充分挤干；捏丸
子时适当加入些淀粉可以更好
地定型。
2. 蒸的时间不要太久。

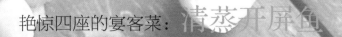

艳惊四座的宴客菜：清蒸开屏鱼

　　第一次见到开屏鱼的时候就被惊艳到，不知道是在怎样的能工巧匠的手里才能诞生如此精美的菜肴。看了制作过程后发现并不难，只是需要花上一点点的工夫，于是尝试着自己做了。传统的开屏鱼做法是鱼身内侧不切断，而我经过几次尝试之后改良出了更适合家常的做法，直接把鱼切成薄片，更方便清洗、腌制以及摆盘。这个做法也很适合新手煮妇，为家人或客人端上这样一道菜，他们也一定会被惊艳到的。

材料　鳊鱼 500 克，葱、姜、蒜、红椒
　　　各适量

调料　盐 2 茶匙，糖半茶匙，料酒 1 汤匙，
　　　生抽 1 汤匙，醋 1/3 汤匙，蒸鱼
　　　豉油 2 汤匙，食用油适量

❶

　　鳊鱼清洗干净后去除头尾和鱼鳍，
切成较薄的片。

❷

　　姜切丝，葱切段和末，蒜切末备用。

❸

　　鱼片加葱、姜、盐、糖、料酒、生
抽和醋抓匀，腌制 15 分钟以上。

❹

　　将腌好的鱼片在盘子里摆成孔雀开
屏的造型，再均匀地撒上蒜末和姜丝。

❺

　　上开水锅蒸 10 分钟左右，蒸好后倒
去汤汁，撒上红椒末和葱末，浇上热油
和蒸鱼豉油即可。

厨艺笔记

1. 鱼切成片状更方便清洗和腌制，
　也不影响摆造型，更适合新手操
　作。
2. 鱼尽量切得薄一些，片数越多越
　容易摆造型。

舌尖上的盛宴：剁椒鱼头

"剁椒鱼头"是湘菜的代表，因其独特的鲜香麻辣的味觉体验而深受人们的喜爱。我们家的人都不太能吃辣，但也抵挡不了剁椒鱼头的诱惑。每次看着桌上这盘菜，热气腾腾，香气四溢，红红的剁椒覆盖着白嫩鱼头，总是忍不住拿起筷子，虽然被辣得直冒汗，但越辣越想吃。在家做剁椒鱼头的时候，我会挑选不那么辣的剁椒，放的量也相对少一些，做出来的味道鲜中带点辣，正适合我们江南人的口味。

材料　鱼头半个约 400 克，剁椒、葱、蒜适量

调料　盐 1 茶匙，料酒 1 汤匙，食用油 3 汤匙

❶ 　鱼头洗净，充分沥干，用盐细细抹一遍，腌制 15 分钟以上。

❷ 　鱼头均匀地抹上料酒，再均匀地撒上剁椒和蒜末。

❸ 　上开水锅蒸 10 分钟，关火后再闷 5 分钟。

❹ 　最后撒上葱花，浇上烧热的食用油即可。

厨艺笔记

1. 鱼头要清洗干净，尤其是鱼肉上的黑膜要彻底清除，这样鱼才不会腥。
2. 不同牌子的剁椒咸度不一，可根据实际情况调整盐和剁椒的用量。

Part 5

"咕噜"声里翻腾出
幸福的味道

每个人心中都有着对家和幸福的不同定义，可以遮风挡雨的地方就是家，长大的地方就是家，有爱的人在的地方就是家；每天看到太阳升起就是幸福，每天吃到喜欢的东西就是幸福，每天有人陪伴就是幸福。而对于我来说，暖锅热灶，香气四溢的地方就是家。炉灶上，锅子里，煮着的汤翻腾出的"咕噜"声就是幸福的声音，一口暖汤就是幸福的味道。我喜欢在这样的家里，制造幸福的声音和味道。

饭店里偷师来的惊艳硬菜：鱼头斩肉

　　第一次在饭店见到这道菜时，我就被它实在的分量给吸引住了，一个重到端不动的大碗中间摆着一个硕大的鱼头，边上围绕着圆滚滚的肉丸。第一次吃做成红汤的鱼头，咸鲜微辣，只喝一口汤，味蕾就完全被打开了。当时对"鱼头斩肉"这个名字还感到新奇，后来才知道"斩肉"就是肉丸的意思。自己回家依葫芦画瓢做了这道菜，虽然味道不尽相同，却也别有一番风味。

材　　料　鱼头1个（约2000克），猪肉300克，姜、蒜、香菜适量

肉馅调料　盐1茶匙，料酒1汤匙，生抽1汤匙

汤汁调料　盐2茶匙，料酒2汤匙，生抽2汤匙，老抽1汤匙，醋半汤匙，豆瓣酱2汤匙，香辣豆豉酱半汤匙，水适量

❶
　　猪肉剁成末，加肉馅调料往同一个方向搅拌上劲，捏成大小均匀的肉丸。

❷
　　油锅烧热，下入肉丸炸至金黄。

❸
　　另起油锅爆香姜片，分次把鱼头煎至两面金黄。

❹
　　鱼头煎好后加蒜头和水煮至汤色发白，加入所有汤汁调料。

❺
　　加入煎好的肉丸，煮10分钟左右，出锅后撒入香菜段。

厨艺笔记

1. 自己做的肉丸口感更好些，不过一定要搅拌上劲（就是感觉肉之间有黏性），这样炸的时候肉丸才不会散。

2. 煎鱼头的时候，可以在鱼头上轻拍一层淀粉防粘或者用不粘煎。

3. 酱料的选择可以根据自家的口味进行调整。

4. 最后的香菜不能省，加了香菜会让这道菜增香不少。

跟婆婆学的传统家常菜：老黄瓜烧河虾

　　这道菜是跟婆婆学的。自从结婚以后，每年夏天都能吃到婆婆煮的老黄瓜烧河虾。炖煮之后的老黄瓜入口即化，河虾鲜嫩多汁，融合了两者味道的汤也特别下饭。河虾通常都是油爆或炒着吃，不然就是白灼，用来煮汤羹的很少。为了保持虾肉的Q弹，河虾需要油爆之后再入锅煮，煮的时间也要尽量短，这样煮出来的汤羹鲜香，虾肉也保持了原本的嫩滑。

材料 河虾300克，老黄瓜700克，葱、姜、蒜适量

调料 盐3茶匙，水5汤碗

①

河虾清洗干净，充分沥干，油锅爆香姜片后倒入虾翻炒至变色，盛出备用。

②

老黄瓜去皮、去瓤、切块后焯水。

③

另起油锅爆香蒜末，倒入沥干水分的老黄瓜翻炒一下。

④

加水煮开后转小火，煮15分钟左右至汤色发白、黄瓜软烂。

⑤

倒入虾，调入盐稍煮1～2分钟，出锅前撒入葱花。

厨艺笔记

1. 需趁河虾鲜活时就开炒，虾完全变色后就马上盛出，保持鲜嫩口感。
2. 老黄瓜焯水时要多煮一会儿，去除青涩味。
3. 应待黄瓜煮好后再加入虾稍煮，这样虾才不会因为煮太久而变得软烂，失去口感。

家常的魅力：五彩鱼米羹

　　无论是家宴还是喜宴，饭店的宴客桌上总少不了一碗煮得浓浓稠稠的汤羹。江南是鱼米之乡，用鱼作为汤羹的主料是理所当然的。我用新鲜无刺的鱼肉作为主料，加上营养好看的蔬菜，煮了这碗家常的鱼米羹。煮的时候，儿子在一边盯着看，迫不及待地想要喝上一口。这就是家的魅力，虽然在饭店能吃到更加精美的汤羹，却感受不到这浓浓的情意。

材料　鱼肉100克，胡萝卜50克，黑木耳5克，香菜3根，姜、蒜适量

调料　盐1.5茶匙，料酒半汤匙，黑胡椒适量，淀粉1汤匙，水4汤碗

❶

鱼肉切成小丁，加半茶匙盐、半汤匙料酒以及适量黑胡椒抓匀腌制一会儿。

❷

黑木耳用冷水泡发洗净，沥干后切末，胡萝卜切末，姜、蒜和香菜分别切末。

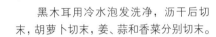

❸

油锅爆香姜、蒜末，倒入胡萝卜和黑木耳翻炒一下。

❹

加水煮开后加剩余盐调味。

❺

倒入鱼丁迅速划散，再加入用水调开的淀粉和香菜，煮开后关火。

厨艺笔记

1. 鱼肉要挑选无刺或少刺的，我用的是草鱼肉，也可选用龙利鱼肉。
2. 蔬菜可以换其他品种，但注意色彩要搭配好看。

喝出家的味道：鲫鱼莴笋汤

　　鲫鱼汤应该是最能代表家的味道的一道菜肴，大江南北，家家户户都会煮，也是很多人记忆里的美好味道。我小时候喝的鲫鱼汤就异常鲜美，因为爸爸总是去打鱼场买新鲜的鲫鱼回来炖汤。虽然现在已经找不到小时候的味道了，但鲫鱼汤依然频繁地出现在我家饭桌上，希望多年以后儿子也会像我一样怀念这个味道。

材料　鲫鱼1条(约500克),莴笋300克,　　　　调料　盐2茶匙,水3汤碗
　　　　葱、姜适量

❶

莴笋去皮切滚刀块备用。

❷

鲫鱼清洗干净,留出鱼子,鱼身两面划花刀,油锅爆香姜片,下入鱼煎至两面定型。

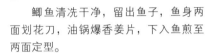

❸

加水煮开,加入鱼子和莴笋。

❹

煮15分钟左右至汤色发白、莴笋软烂,调入盐稍煮一下,出锅前撒入葱花。

厨艺笔记

1. 鱼要充分洗净至没有血水,鱼肚内的黑膜也要去净,黑膜是鱼腥味的主要来源。
2. 鱼要煎透,煮的时候要开大火,汤不要太多,这样汤色才会白。
3. 鱼子和莴笋都不容易煮透,所以都要早早放入。

清爽养生汤羹：米糊虾丸汤

　　儿子算是比较挑食的小朋友，我常常为他的饮食伤透脑筋，总想在他喜欢的菜肴里加入营养，这道米糊虾丸汤就是这样而来的。儿子很喜欢吃虾，但不太爱吃米饭，于是我把两种米打成糊作为汤底，再加入虾丸和冬瓜丸煮成汤羹，这样他就不会再挑食了。这也是一道养生汤羹，米糊养胃，而米糊的清香加上虾的鲜嫩又特别诱人。

材料　虾仁 150 克，小米 50 克，大米 20
克，冬瓜 150 克，葱、姜适量

调料　盐 2 茶匙，料酒半汤匙，黑胡椒
适量，水 3 汤碗

1

新鲜基围虾剥出虾仁剁成泥，加半
茶匙盐、半汤匙料酒以及适量黑胡椒拌
匀，捏成大小均匀的虾丸。

2

冬瓜去皮、去瓤，用挖球器挖出球状。

3

小米和大米淘洗干净加水煮开，转
小火煮至米粒软烂。

4

煮好的粥用料理机打成糊，加葱、
姜和剩余的盐煮开并等候一会儿。

5

捞出葱、姜，先倒入冬瓜球煮至软烂，
再下入虾球煮几分钟即可。

厨艺笔记

1. 用新鲜基围虾做的虾丸口感更鲜
   嫩，虾剥之前放在冰箱里冷冻一
   下会更好剥。
2. 加入大米可以增加汤羹的黏稠度。

老少皆宜的家常汤羹：昂公炖豆腐

昂公有很多种叫法，如昂刺鱼、黄骨鱼、黄丫头、黄腊丁等。昂公是江南一带的叫法，昂公炖豆腐也是江南一带家喻户晓的名菜。油煸过的昂公和豆腐一起炖到汤色发白、鱼肉鲜嫩，豆腐鲜香嫩滑，汤更是鲜美无比。昂公因为刺很少，所以特别适合小朋友和老人食用，我就常煮这道汤羹给儿子喝。

材料　昂公5条，豆腐1块，葱、姜、蒜适量

调料　盐5茶匙，水6汤碗

❶

姜切片，蒜拍散去皮，葱切末。

❷

油锅烧热，下入洗净沥干的鱼煎至两面金黄。

❸

加水煮开后倒入切块的豆腐、姜、蒜、盐，中大火保持沸腾状态煮15分钟左右至汤色发白。

❹

出锅前撒入葱花。

厨艺笔记

1. 鱼身轻拍一层淀粉再入锅煎可防止粘锅。
2. 煮鱼汤时我不喜欢加料酒，这样汤色比较好看。
3. 煮的时候要用中大火，这样鱼汤能快速变白。

营养美味的快手汤羹：海鲜味噌汤

　　汤羹是餐桌上永恒不变的主题之一，我偶尔会煲一些老火靓汤，但更多的时候是煮营养美味的快手汤羹。快手汤要好喝，汤底很重要，我家常用的汤底就是味噌。将香浓鲜美的味噌煮开后再加入自己喜欢的菜和肉类，一锅好汤便完成了。儿子喜欢吃蛤类，所以我常用各种蛤类来煮味噌汤，海鲜的鲜味和味噌相得益彰，鲜美无比。虽然不是花很多时间煮的老火靓汤，但也是一碗深受家人喜爱的好汤。

材料　花蛤 200 克，豆腐 1 块，大葱 1 根　　　调料　味噌适量

1

　　花蛤用加了盐和油的水浸泡几个小时，使其吐尽沙子和泥土。

2

　　锅内加水煮开，加入几勺味噌煮化。

3

　　加入切块的豆腐，小火煮 15 分钟左右至豆腐入味。

4

　　倒入洗净的花蛤和大葱。

5

　　大火煮至花蛤完全张开即可。

厨艺笔记

1. 如果来不及浸泡花蛤，可以用焯水后冲洗的方法去除花蛤内的沙子，但鲜味会打折扣。
2. 花蛤入锅后不要煮太久，以保持鲜嫩口感。
3. 味噌可根据自家口味添加。味噌本身有咸味，一般不用另外加盐。

酸甜可口的下饭汤：番茄鱼片汤

　　番茄在我家是很受欢迎的一种食材，搭配不同的食材就能做出不同的佳肴。用新鲜番茄煮的汤底比用番茄酱煮的更天然也更健康，再加入其他的蔬菜，汤的味道就特别丰富。新鲜鱼肉片腌制入味后在汤里滑至变色，口感鲜香嫩滑，让人忍不住想要多吃一点。

材料　鱼肉 650 克，番茄 500 克，金针
　　　菇 150 克，莴笋 250 克，葱、姜、
　　　蒜适量

调料　盐 6 茶匙，糖 3 茶匙，料酒 1 汤匙，
　　　黑胡椒适量

1

　　鱼肉洗净沥干后片成鱼片，加 2 茶
匙盐、1 汤匙料酒以及适量黑胡椒抓匀至
发黏，腌制 15 分钟以上。

2

　　油锅爆香姜、蒜，加入切丁的番茄
炒成糊。

3

　　加水煮开，先加 4 茶匙盐和 3 茶匙
糖调味，再加入莴笋煮至软烂，最后加
入金针菇煮 2 分钟左右。

4

　　煮好的蔬菜捞出装盘，留在锅内的
汤重新煮开，倒入鱼片迅速划散。

5

　　鱼片完全变色后马上出锅即可。

厨艺笔记

1. 刺少的草鱼比较适合用来做这
   道菜。
2. 蔬菜的种类可以根据个人喜好调
   整，每种菜成熟的时间不同，所
   以要分次加。
3. 蔬菜捞出后再加鱼片煮，鱼片更
   容易煮熟，不会因为久煮而影响
   口感。
4. 鱼片入锅前加些油抓匀可以防止
   鱼片粘连在一起，也能锁住水分，
   让口感更嫩滑。
5. 鱼片入锅后煮的时间一定要短，
   完全变色后马上出锅，以保持鲜
   嫩的口感。

鱼片滑嫩是关键：浓汤黑鱼

　　家里常吃鱼片，怎么把鱼片做得鲜香嫩滑是一个关键问题。首先要把鱼肉片得厚薄均匀，太厚影响口感，太薄容易碎；腌制也是很重要的一环，加调料后一定要把鱼片抓到发黏，让鱼片吸足水分，腌好入锅前再加些食用油或淀粉抓匀，也能很好地锁住水分；最后不管是炒还是炖汤，鱼片入锅煮的时间一定要短，变色即可，这样做出来的鱼片才会嫩滑无比。

材料　黑鱼1条（鱼片约450克），葱、
　　　姜适量

调料　盐3.5茶匙，料酒2汤匙，黑胡
　　　椒适量，水8汤碗

❶

将黑鱼的头尾和鱼骨用盐抓洗几遍，
冲洗干净后充分沥干。

❷

将鱼肉片成鱼片，加1.5茶匙盐、2
汤匙料酒、适量黑胡椒抓至发黏，腌制
15分钟左右。

❸

油锅爆香姜片，倒入鱼头、鱼尾和
鱼骨炒至变色。

❹

加水煮15分钟左右至汤色发白。

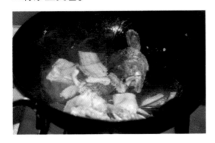

❺

捞出鱼骨，锅内汤加盐调味，大火
煮沸后倒入鱼片划散，鱼片变色后关火，
撒入葱花即可。

厨艺笔记

1. 买一整条黑鱼，让菜场的人把鱼的头尾和大的鱼骨剔下来，回家只需片一下鱼
　 片即可。
2. 鱼皮可根据个人喜好选择留下或丢弃。
3. 黑鱼身上有一层黏液，用盐抓洗几遍鱼头和鱼尾能去除大部分黏液。煮汤汁的
　 时候也会因剩余黏液产生浮沫，及时撇干净就可以。
4. 鱼片腌好入锅前加一些食用油抓匀可以防止鱼片粘在一起，也能锁住水分，让
　 鱼片口感更嫩滑。
5. 鱼片煮的时间不要太长，变色即可关火，以保持鱼片鲜嫩的口感。

煮妇必学的人气川菜：酸菜鱼

　　酸菜鱼是曾经风靡一时的川菜，几乎是川菜馆的必点菜式，以前总是时不时约上三五好友吃一顿。虽然酸菜鱼的热潮已经慢慢消退了，但它依旧是很多饭店的招牌菜。现在我在家也会做酸菜鱼，口感算不上正宗，是偏清淡的江南口味，但家人都爱吃。不要以为做酸菜鱼很难，其实只要掌握了做酸菜鱼的要点，比如怎么样让汤汁浓白鲜美、鱼肉鲜嫩、酸菜爽口，再根据自家的口味调整，就能轻松地做出好吃的酸菜鱼。

材料　黑鱼1条（鱼片约400克），酸菜
　　　400克，葱、姜、红米椒、花椒适量

调料　盐3.5茶匙，料酒5汤匙，黑胡
　　　椒适量

1

将鱼肉片成较薄的鱼片，用盐抓洗
几遍后冲洗干净并充分沥干，加1.5茶
匙盐、2汤匙料酒以及适量黑胡椒抓到发
黏，腌制15分钟以上。

2

将酸菜挤干汤汁切成丝，油锅烧热
后倒入酸菜煸香盛出备用。

3

锅内继续倒入油，爆香姜片，倒入
洗净沥干的鱼头、鱼尾、鱼骨，翻炒到
完全变色后调入3汤匙料酒。

4

锅内加入适量水煮开，大火煮至汤
汁发白，倒入酸菜和酸菜的汤煮10分
钟左右，加2茶匙盐和适量黑胡椒调味。

5

把酸菜和鱼骨先盛到碗里，将锅里
剩下汤汁煮开后下入腌好的鱼片，迅速
划散，待汤汁再次煮开后马上关火。将
鱼片连汤一起盛入碗内，撒上葱花、红
米椒、花椒，最后浇上热油即可。

厨艺笔记

1. 黑鱼可在菜场现杀后处理成整块
   的没有大刺的肉，自己回家片鱼
   片即可，切下的鱼头和鱼尾等不
   要丢弃，可煮汤用。
2. 煮汤汁时要用大火，这样才能煮
   出颜色发白的汤汁。
3. 酸菜的汤汁不要倒掉，加到汤里
   一起煮，味道更好，酸菜煸炒一
   下吃起来更脆爽。
4. 鱼片下锅之前倒些食用油抓匀可
   以防止鱼片粘在一起，也能锁住
   水分，让鱼片口感更滑嫩；锅里只
   留汤汁，鱼片煮起来更易熟，也
   不至于因煮太久而使口感变老。

Part 6

风情小食的
独特魅力

和中规中矩的正餐相比，那些形态各异、风情万千的小吃和小食，总是更加地吸引人。就像生活需要点缀，餐桌也需要锦上添花。在年复一年、日复一日、一成不变的餐桌上，偶尔穿插些充满魅力的小食，你的餐桌一定会更加丰富。

充满浓浓的年味：五香爆鱼

　　"爆鱼"也叫"熏鱼"，属江浙一带有名的菜肴。以前这道菜只有过年时才能吃到，是一道充满浓浓年味的佳肴，所以每每说到爆鱼就知道新年将至。现在自己学会做了，便常常能吃到，但我对爆鱼的喜爱却丝毫不减。在一腌二炸三浸的工序之后，经过汤汁浸泡的鱼肉外脆内嫩，咸鲜中带着江南风味的甜，想不好吃都难。

材　　料　草鱼段 700 克，葱、姜、蒜、花椒、干辣椒、八角适量

腌鱼调料　盐 1 茶匙，料酒 2 汤匙

浸鱼汤汁　盐 2 茶匙，糖 4 汤匙，料酒 2 汤匙，生抽 2 汤匙，老抽 2 汤匙，醋半汤匙，水适量

1

草鱼洗净沥干后切薄片，加腌鱼调料和葱、姜、蒜抓匀，腌制半小时以上。

2

油锅先加花椒和干辣椒炒至变黑后捞出，倒入葱、姜、蒜和八角炒香。

3

加入浸鱼汤汁煮开后放凉。

4

将腌好的鱼用厨房纸吸干水分，下入油锅炸至金黄后捞出，沥干油分。

5

将炸好的鱼放入浸鱼汤汁内，浸泡 15 分钟左右即可。

厨艺笔记

1. 鱼片不要切得太厚，否则不易入味，也炸不透。

2. 鱼入锅炸之前一定要吸干水分，不然会爆锅；炸鱼时油温不要太高，火也不要太大，否则容易炸焦。

3. 此菜谱中浸鱼汤汁的口味偏甜，你也可以根据自家喜好调整味道。

海蜇脆而不腥有小窍门：老醋海蜇

　　糖醋是江浙菜系里最常见的做法，不光热菜里有糖醋的做法，很多凉菜也会做成糖醋口味，比如这道极受欢迎的老醋海蜇。这道菜要做得好吃还是有些讲究的，首先要选用海蜇头，而不是海蜇皮，脆爽的海蜇头经过调味后口感极佳。海蜇头要做到脆爽而不腥也有小窍门，用80℃左右的水氽烫一下，既能保持脆爽的口感，也能很好地去腥。但是不能用开水焯烫，否则海蜇会严重缩水，从而影响口感。

材料　海蜇 170 克，黄瓜 1 根，蒜 2 瓣，葱适量

调料　盐半茶匙，糖 2 茶匙，葱油 2 汤匙，料酒 1 汤匙，生抽 1 汤匙，醋 2 汤匙

❶

海蜇切成小块用水浸泡半天，中间可以换几次水。

❷

黄瓜洗净去蒂，用刀背拍散后切成小块。

❸

葱和蒜切末备用。

❹

海蜇入 80℃ 左右的水中氽烫一下，马上盛出过凉水，充分挤干。

厨艺笔记

1. 海蜇一定要充分浸泡，去掉咸味后再食用，切成小块可以缩短浸泡时间。
2. 海蜇氽烫可以去除腥味，也可以使口感变脆，但是时间一定要短且不能用开水，否则海蜇会严重缩水，影响口感。
3. 海蜇要充分挤干后再拌，水分过多会影响味道。
4. 拌好之后要放置一段时间再食用，这样食材能更入味。

❺

所有材料加所有调料拌匀，放置半小时以上即可。

江浙名菜家常做法：醉虾

很久之前就吃过醉虾，但当时对其生腥的味道并无好感。直到后来在浙江南浔一家小饭馆里再次吃到，才发现醉虾原来这么好吃。虽然是同一种菜肴，不同的做法却带来了不一样的味觉体验。小饭馆的河虾个小而鲜活，有着江南惯有的酸甜口味，用浙江有名的黄酒以及大量的葱、姜、蒜调味出的醉虾让吃过的人都赞不绝口。不过生食并不十分健康，只能偶尔解解馋。

材料　新鲜河虾 200 克，姜 15 克，蒜 15 克，红椒 10 克，葱适量

调料　盐半茶匙，甜醋 5 汤匙，生抽 3 汤匙，黄酒 200 克

❶

葱、姜、蒜和红椒分别切末备用。

❷

葱、姜、蒜末和红椒末加除黄酒以外的所有调料拌匀成味汁，腌制 10 分钟左右。

❸

虾用流动的水冲洗干净，沥干倒入碗内，加入黄酒，加盖。

❹

等虾停止跳动后开盖，倒入调好的味汁拌匀即可。

厨艺笔记

1. 河虾要选个头小的，太大的不容易入味，肉质也不鲜嫩。
2. 虾一定要选用鲜活的，死虾的味道会大打折扣，也不利于身体健康。
3. 这里用了甜醋，就没有另外加糖，如果用的是普通的醋则要加适量的糖。
4. 醉虾要现做现吃，以保证口感。

人气港式小吃：咖喱鱼丸

很多次被电视里的咖喱鱼丸馋到，但又一直没有机会吃到正宗的咖喱鱼丸，于是决定亲自炮制。用了喜欢的泰式咖喱酱，加了喜欢的蔬菜，也许味道并不那么正宗，但对于我和家人来说，它也是一道具有别样风情的诱人小吃。中华饮食就是如此博大精深，同样的食材也能做出专属于自己的味道。

材料 墨鱼丸500克，青、红、黄椒各50克

调料 黄咖喱酱400克

❶ 彩椒切块备用。

❷ 将咖喱酱倒入锅内烧开。

❸ 倒入鱼丸煮开后转小火，盖上盖子煮10分钟左右。

❹ 加入彩椒块，大火收汁即可。

厨艺笔记

1. 黄咖喱酱是加椰浆调味过的油咖喱，也可用咖喱块或咖喱粉加椰浆、洋葱炒。
2. 墨鱼丸也可用其他鱼丸代替。
3. 最后一定要用大火收汁，让咖喱厚厚地裹在鱼丸上。

高颜值的人气小食：黄金虾球

　　在避风塘吃过这道菜，喜爱河鲜的老公非常中意，对于儿子也是一道无法抗拒的绝佳小点心。作为煮妇，我当然得好好学做这道菜。以前也做过类似的虾球，但表面是裹了面包糠再炸制的。这次换成了面包丁，口感果然很不一样，色泽金黄，口感酥脆，和Q弹的虾肉一起咬下，美味极了，煮妇们一定要试试。

材料　虾仁 200 克，切片面包 2 片，蒜
　　　2 瓣

调料　盐 1 茶匙，料酒半汤匙，黑胡椒
　　　适量

❶

新鲜基围虾去壳、去虾线，洗净沥干。

❷

虾仁剁成细腻的虾蓉加调料拌匀，
捏成大小均匀的虾丸。

❸

切片面包切去边皮，再切成细小的
丁，入烤箱烤至表面微焦、发硬。

❹

将虾球表面均匀滚上面包丁。

❺

将锅内油烧到八成热后转小火，下
入虾球炸至金黄即可。

厨艺笔记

1. 要用新鲜基围虾，以保证口感鲜嫩。

2. 如果没有烤箱，可以提前切好面
包丁，让它自然风干发硬即可。

3. 炸虾球的油温不宜过高，否则虾
球容易炸糊且内部不熟。

吮指美味：椒盐皮皮虾

记得第一次在饭店吃到的皮皮虾就是椒盐味的。第一次吃，看着它像虫一样的身躯不知从何下口，但尝试着吃了一个后就停不下来了，没一会儿就只剩下一盘壳，从此爱上了椒盐皮皮虾的味道。现在菜场也常常会有皮皮虾卖，想吃的时候就买些回来自己做。其实做法很简单，相信厨房新手也能轻松胜任，你也来试试吧。

材料　皮皮虾 500 克，青椒、红椒、蒜
　　　适量

调料　椒盐适量

❶

将充分沥干水分的皮皮虾倒入烧热的油锅，炸至变色，盛出沥干油分。

❷

锅内留底油，倒入蒜末和青、红椒末炒香。

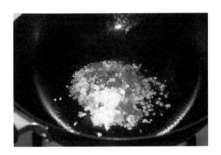

❸

将皮皮虾重新入锅加椒盐炒匀即可。

厨艺笔记

1. 皮皮虾一定要充分沥干水分，不然炸的时候会爆锅。
2. 炸过虾的油可以用来炒菜，不要浪费。

好吃停不了口：椒盐小龙虾

　　每年的龙虾季，满大街都飘着龙虾的香味，鲜香麻辣的味道深深地刺激着我们的嗅觉和味蕾，常常忍不住想要大快朵颐一番。现在不常出去下馆子吃龙虾了，因为自己在家也能做出好吃的龙虾，而且比饭店的更加健康。尤其是这道椒盐小龙虾，做法简单，却有着诱人的味道，每次开吃都停不下来。喜欢吃龙虾的朋友一定要试试。

材料　小龙虾700克，洋葱半个，花椒
　　　1小撮，干辣椒3个，熟芝麻、葱、
　　　姜、蒜适量

调料　椒盐10克，盐半茶匙

❶

新鲜小龙虾去除头部和虾线只留身体，用小刷子刷洗干净并充分沥干。

❷

洋葱切片，姜和蒜切片备用。

❸

锅内多加些油烧热，倒入龙虾炸至变色后捞出沥干油分。

❹

锅内留底油，倒入花椒和干辣椒炒香，继续加入洋葱、姜、蒜炒香。

❺

将龙虾重新入锅加调料炒匀，出锅前加芝麻和葱段炒匀。

厨艺笔记

1. 做椒盐龙虾需选用个头小一些的龙虾，用虾身做，大个的龙虾不容易入味。

2. 龙虾炸过后肉质更嫩些，如果不想费油，也可以用炒的。

3. 加些花椒和干辣椒会让小龙虾的味道更丰富。

西式健康营养沙拉：什蔬鲜虾沙拉

　　这款沙拉用的是西式的做法，虽然食材常见，但偏西式的调料能做出不一样的味道。沙拉是很健康的食物，食材营养又好看，五彩缤纷的外观让人看着就很有食欲。而且，常吃营养健康的沙拉对身体很有好处。

材料 鲜虾仁 100 克，红、黄椒各 50 克，
　　　紫甘蓝 50 克，芦笋 50 克

调料 橄榄油 3 汤匙，柠檬汁或沙拉醋
　　　1 汤匙，盐 4 克，蜂蜜 1 茶匙，
　　　现磨黑胡椒适量

❶
　　虾仁背面剖开，洗净沥干，入开水
锅中焯熟。

❷
　　芦笋切斜段，入开水锅中焯熟。

❸
　　红、黄椒和紫甘蓝分别切丝并用纯
净水泡一下。

❹
　　所有调料加在一起调成油醋汁。

❺
　　将虾仁和蔬菜都充分沥干，混合在
一起加油醋汁拌匀即可。

厨艺笔记

1. 虾仁焯水时间不要太长，以保持
　鲜嫩口感。
2. 由于红、黄椒和紫甘蓝都是生吃
　的，所以需要用纯净水泡一下，
　这样更加卫生。
3. 所有食材一定要充分沥干再拌，
　水分太多影响口感。

河鲜最原汁原味的吃法：白灼罗氏虾

用煮开的水将生的食物烫熟，这种烹饪方式称为"白灼"。"白灼"看似简单，其实很讲究，比如煮虾时一定要加葱、姜、蒜和料酒才能很好地去除虾的腥味，另外火候的把握也很重要，它决定着虾肉的口感。以前不爱白灼的虾，总觉得有些寡淡，后来不知不觉爱上了。其实白灼是新鲜虾最佳的吃法，它能很好地保持虾的原汁原味，再蘸上自己喜欢的酱汁，Q弹嫩滑的虾肉在舌尖绽放的感觉非常美妙。

材料　罗氏虾 200 克，葱、姜、蒜适量

调料　料酒 2 汤匙，海鲜酱油 1 汤匙，甜醋 1 汤匙，糖半茶匙，纯净水 1 汤匙

1

清水加葱、姜煮开，再加料酒煮一会儿。

2

倒入洗净的罗氏虾，煮至虾身完全变红且身躯完全蜷曲。

3

捞出虾沥干水分，再倒入冰水内浸凉。

4

蒜和葱切末，加海鲜酱油、甜醋、糖和纯净水调成味汁。

厨艺笔记

1. 煮虾的时间一定不能太长，虾身完全变红且蜷曲即可，以保持虾肉的鲜嫩。

2. 虾肉在冰水里冰过之后口感更 Q 弹，最好是用带有冰块的冰水。

3. 纯净水的作用是调节味汁的咸淡程度，味汁可以根据自家口味自由调配。

宴客必备的滋味虾：椒盐基围虾

　　椒盐虾是我家宴客必备的拿手好菜，虾经过两遍油炸变得红亮酥脆，再裹上椒盐和葱末，香气扑鼻，诱惑难挡。椒盐虾的做法非常简单，只要按步骤操作，厨房新手也能轻松胜任。首先应选用新鲜的基围虾，其次为了让虾外脆里嫩，需要分两次油炸，炸的时间不要太久，以炸到虾壳酥脆、虾肉鲜嫩为宜。椒盐用超市买的椒盐粉就可以，葱花能增添菜的香味，使之浓郁诱人，不可省去。

材料　基围虾 400 克，葱、姜适量　　　　调料　盐 1 茶匙，椒盐 5 克

❶

基围虾挤去鳃的同时抽出虾线，背面剖开，洗净充分沥干。

❷

姜切片，葱切末备用。

❸

锅内多加些油烧热，倒入虾炸至变色后盛出。将锅内油重新烧至八九成热，再倒入虾复炸一遍。

❹

将盐和椒盐拌匀。

❺

另起油锅，爆香姜片后倒入虾、调料、葱末炒匀即可。

厨艺笔记

1. 虾一定要充分沥干，这样炸的时候才不会爆锅，也能炸得更透。
2. 炸两遍是为了让虾外脆内嫩。
3. 葱末要多加一些，这样菜肴才更香。

最佳佐酒小菜：糟香螺

糟卤是本帮菜里最著名的做法，糟卤毛豆、糟卤虾、糟卤凤爪、糟卤排骨等都常常出现在我们的餐桌上。糟卤是从陈年酒糟中提取的汁液，有着特殊的浓郁香气。经过糟卤的浸泡，蔬菜变得香气扑鼻、回味无穷，荤菜变得咸鲜入味却又清爽不油腻。夏日傍晚，一点小酒配上几盘冰镇过的糟卤小菜，再惬意不过了。

材料　香螺 500 克，葱、姜适量　　　　调料　糟卤 350 克

1
香螺用加了食用油和盐的清水浸泡 1 小时左右。

2
锅内冷水加葱、姜煮开后再稍煮一会儿。

3
香螺用小刷子刷洗干净，倒入锅内煮 1 分钟左右。

4
将煮好的香螺充分放凉并沥干水分，倒入糟卤内浸泡 1 小时左右即可。

　厨艺笔记

1. 用加了食用油和盐的水浸泡香螺，可以让其吐尽泥沙。
2. 香螺煮的时间不要太长，以保持螺肉的鲜嫩。

图书在版编目（CIP）数据

鱼的诱惑 / 木可著. — 杭州：浙江科学技术出版社，
2016.4

（在家做饭很简单）

ISBN 978-7-5341-7102-4

Ⅰ.①鱼… Ⅱ.①木… Ⅲ.①鱼类–菜谱
Ⅳ.①TS972.126

中国版本图书馆CIP数据核字（2016）第053272号

书　　名	**在家做饭很简单：鱼的诱惑**	
著　　者	木　可	
出版发行	**浙江科学技术出版社**	
	杭州市体育场路347号　邮政编码：310006	
	办公室电话：0571-85176593	
	销售部电话：0571-85176040	
	网　　址：www.zkpress.com	
	E-mail:zkpress@zkpress.com	
排　　版	杭州兴邦电子印务有限公司	
印　　刷	浙江海虹彩色印务有限公司	

开　　本	710×1000　1/16	印　张	10
字　　数	150 000		
版　　次	2016年4月第1版	印　次	2016年4月第1次印刷
书　　号	ISBN 978-7-5341-7102-4	定　价	32.00元

责任编辑	王巧玲	**责任校对**	顾旻波
责任美编	金　晖	**责任印务**	徐忠雷
特约编辑	胡燕飞		

更多浙科社
锦书坊好书：

《解馋肉香香》

《慧心写食》

《女人会吃，才更美》

《亲切的手作美食》

《臻味家宴》

《绝色佳肴》

以美食之名，
传递温暖与感动

因为懂得，所以相伴

锦书坊

赠

限量版明信片

关注浙科社锦书坊新浪微博，并随手拍下本书封面 @ 浙科社锦书坊，就会收到我们寄出的限量美食明信片一套！（先到先得，送完为止）

奖

精美餐具

关注浙科社锦书坊新浪微博，并随手拍下本书封面 @ 浙科社锦书坊，就能参与抽奖，奖品为本书作者木可送出的精美餐具一套！（详见浙科社锦书坊新浪微博）

官方微博　　微信公众号　　官方微店